中公新書 2800

伊藤　孝著

日本列島はすごい

水・森林・黄金を生んだ大地

中央公論新社刊

まえがき

ポルトガルの大西洋岸に、アヴェイロという小さな街がある。ポルトガル第二の都市ポルトから南へ60㎞ほど下った、大きな潟湖《せきこ》（ラグーン）のほとりにある街だ。幸運に恵まれ、そこに数ヵ月間滞在したことがある。週末は、まとまった買い物をするため少し離れたスーパーマーケットに行ったのだが、首都リスボンのような可愛らしい路面電車があるわけでなく、また路線バスの経路からも外れていたので、おのずと徒歩となった。

片道30分ほどの散歩。それはとても快適で、楽しい時間であったのだが、途中にあるアパート群を横切るとき、どうしてもなじめない光景があった。いくつかの部屋で、窓枠のわずかな出っ張りに植木鉢が並んでいたのだ。窓手すりはついていない。日本のスケールでいう震度4ぐらいの地震で、確実に落ちてしまうだろう。1階ならまだしも、3階や4階である。充分な破壊力だ。部屋に押しかけていき、「危なくてしょうがないから、片付けてください」

とクレームをつける勇気も語学力もなかったが、ひやひやしたものだった。

もちろん、世界にはまったくといってよいほど、地震が起こらない地域があるということは知っていた。しかし、ポルトガルで過ごした数ヵ月は脳も身体も半分は日本にあるような状態で、窓枠の光景を見るたびにおののいていた。だが実際のところ、滞在期間中、一度も体感できるほどの地震は起こらず、窓枠の植木鉢たちも皆無事だった。


地球儀を見るとわかるように、ポルトガルと日本は、最大の陸地であるユーラシア大陸を挟んだ両端に位置している。緯度は中緯度でほぼ同じ、日本でいえば東北地方に相当する。

国土がどういうプレートに載っかっていて、どの位置にあるのか、という地球科学的な条件は、地震の発生数や規模、そして活火山の分布を規定する。また、大陸のどちらの端に位置しているのか、もしくはどちら側に大洋が広がっているのか、という点は、顕著な気候の差を生み出す。ポルトガルと日本は同じ緯度でありながら、プレート上の位置、大陸と大洋との相対的な位置関係が大きく異なる。気候と地質の条件は「お国柄」を醸成し、国土の個性となる。

本書は、ユーラシア大陸の東の端にあり、太平洋の西の海上に浮かぶ大小1万4000余の島々——日本列島の「すごさ」、優れているさまと恐ろしいさまの両面を地球科学の観点から迫り、鉄や黄金といった資源に光をあてつつ、「暮らしの場」として捉えなおすことを目標にしている。

「大昔、日本列島はユーラシア大陸と地続きだった」と聞いたことがある人は多いだろう。でも、目の前に広がる山々と対峙したとき、その岩石が大陸の一部であったときに作られたものか、はたまた現在の位置に落ちついてからできたものなのか、気にしている人は少ない。現在の日本列島の土台は、ユーラシア大陸の東の端で、数億年の時間をかけ様々な地球科学的なプロセスで作られた。そして約2500万年前、大陸から「独立」しはじめて、約1500万年前に、ほぼ現在の位置に収まった。

日本列島に現生人類の生活のあとが顕著に認められるようになるのは、少なくとも3万8000年前からだといわれている。それ以降、海水面は徐々に低下し、約2万年前の最終氷期の最寒期には、海面は現在よりもマイナス125mに達した。北海道、樺太は大陸の続きとなり、本州、四国、九州も一つの陸となる。そして、2万年前を過ぎると、海面はぐんぐん上昇し、約7000年前に現在と同じ高さになり、そのあとはほとんど一定である。7000年のあいだ、天災との付き合いを余儀なくされながらも、私たちは「固定された海面」の水際で生活を営むことができたわけである。

このように、本書ではまず、日本列島の成り立ちとかたちを概観する。それから、列島で生活していくためにぜひとも押さえておきたい資源——すぐその日から必要となる水、塩、燃料にはじまり、鉄や黄金の「贅沢品」まで——、いわば日本列島の「飯のたね」についてまとめてみた。本書を人間の世界に例えるなら、家柄や自己紹介にあたる家系図と履歴書を整え、さらに暮らしを考える上で不可欠な財産目録を作ってみた、ということになろう。

列島の資源を眺めておくと、日本史の新しい一面が見えてくる。たとえば、なぜ奈良時代から平安時代にかけて膨大な数の遣唐使を唐へ派遣するだけでなく、きわめて貴重な漢籍・仏典・美術工芸品などを大量に入手することができたのか。また、なぜ国をほとんど閉じていた江戸時代に3000万人もの人口を養うことができたのか。そして、なぜ日本では鉄資源としては非常に効率の悪い砂鉄を使って刀を作っていたのか、など。糸口となるのは大陸から引き継いだ砂金、列島を覆う火山灰と多量の雨、豊かな森林と製鉄技術、などである。国土を特徴づけた資源は、日本史を織りなしてきたわけだ。

さて、われわれはこの日本列島とこれからも永いこと仲睦まじくやっていけるのだろうか。そして、うまくやっていくには、どんな留意点があるのだろう。「すごさ」を眺めながら、じっくりと吟味いただければと思う。

目次

日本列島はすごい

水・森林・黄金を生んだ大地

凡例

・本書では読みやすさを考慮して、引用文中の漢字は原則として新字体を使用し、歴史的仮名遣いは現代のものに、また一部の表記を改めた。読点やルビも追加した。
・図版のうち、引用して掲載したものは、キャプション末尾に（引用図）もしくは（データ引用）と付し、巻末の「図版・データ出典」で引用元を記した。

序　章　日本列島の見方

1　旅のはじめに

なりわいの歴史

昔、なにを思ったか、公務員宿舎のベランダにプランターを置き、ナスに挑戦したことがある。結果、顔から火が出るくらいの見事な失敗だった。お隣さんのは、おいしそうな実がたくさんついていた。そのとき、両手を開いて、じっと手のひらを眺めつつ、「あれっ、俺には農家の血がながれてたんじゃないの……」と考えたことをよく覚えている。うちの両親の実家はどちらも代々、宮城で農家をやっており、ただそれだけのことで根拠のない妙な自信があったのだ。

世界史や日本史を勉強しなおしてみて、少しわかったことがあった。ホモ・サピエンス

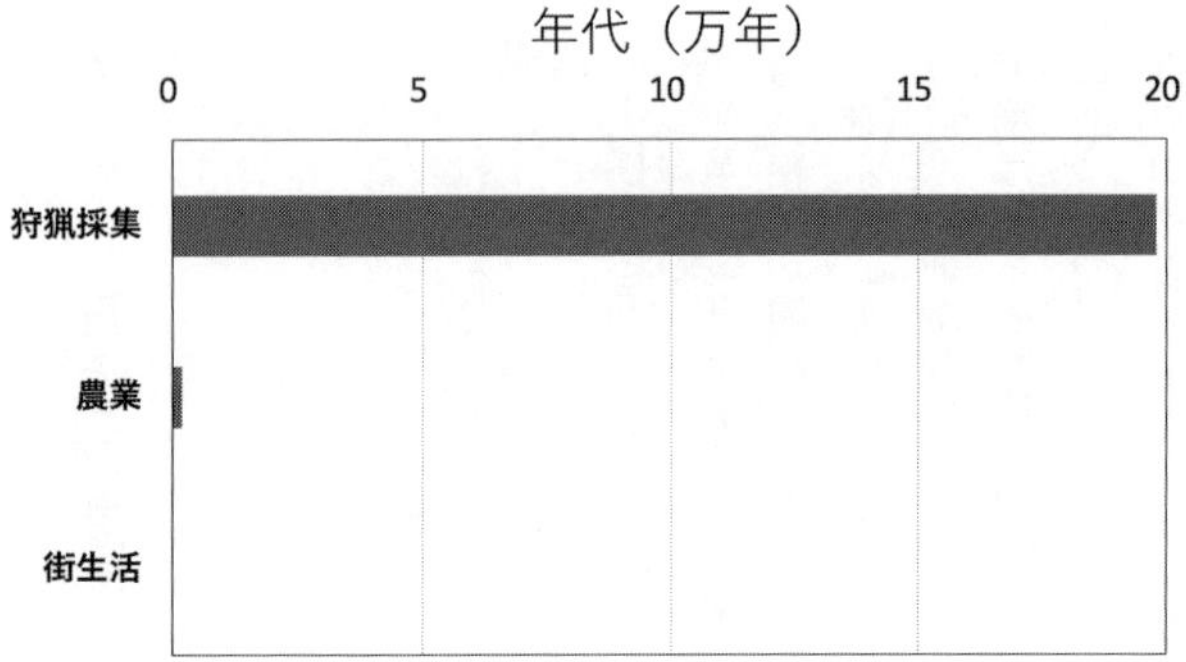

図序－1　ホモ・サピエンスの歴史20万年間における生活様式
ここでは、日本の歴史を踏まえ、農業の開始を2000年前、街生活の開始を100年前としている。

（現生人類）が地球に誕生したのが、チバニアン（77万4000年前から12万9000年前）も終盤に差し掛かった約20万年前。そのあとは、ずーっと狩猟採集で命をつないできたようだ。うちの親の実家が「代々」農家をやってきたといっても、2000年の歴史はないだろう。サピエンスの歴史の1％にも充たない。うちのじいさんもばあさんも、農業の「ビギナー」だったのだ（図序－1）。

　こう考えると、パソコンの前で文章を書く集中力がごく限られていることや、人のはなしを何時間も聴いていられないことも腑に落ちる。今は当たり前のような顔をして、街に住み、車に乗り、蛇口をひねり、スマホをイジり、スーパーマーケットで買い物をしているが、そういう生活は農業よりも不慣れな歴史の浅いことなのだ。

　とはいえ、われわれの先祖はそのときどきで

「合理的な」判断をして、この列島で必死に命をつないできた。いつ人類が日本列島に上陸したのか、という点は、まだまだ議論があるようだが、少なくとも3万8000年前から今日まで、列島はサピエンスの生活の舞台となり、歴史を積み重ねてきた。その結果が現在の日本列島の姿である。

自由に考えるために

その日本列島、約4万年間にわたって人の営みを刻み、いまや伝統、風習、しがらみと既得権とで、がんじがらめになっているように見える。新しい道路を一本通すだけでも、莫大な予算はもちろん、気が遠くなるような調整や合意形成が必要となる。様々なことを充分に踏まえた上で、「日本列島での暮らし」について、抜本的かつ新しい提案をすることはものすごく窮屈な作業に違いない。

そのため本書では以下のアプローチをとった。まずこの列島の特徴・成り立ちを振り返る。そして、すでに利用したものも含め、この列島がもつ資源について考える。その上で先に述べた窮屈さから一旦自由になり、この列島での暮らし方、もしくは列島の使い方について、押さえるべき原則を示したい。

2　基盤となる地球科学的な情報

高校地学の現状と教科書

さて、この日本列島をどのように使っていくべきか。折角なので、地形・地質・気象・生態などの特徴を最大限に踏まえたものにしたい。幸いなことに、われわれは数万年前、最初に列島に立った開拓者ではないのだ。あの山を越えればその先にどんな景観が広がっているか、そして、どのような歴史的な変遷を経て、そのような景観になったのか、かなり理解できるようになった。

なお、ここでは、「創業以来○○年継ぎ足してきた」的な、独特の秘伝、皆が知らない地球科学的な情報のみを駆使して論ずるつもりはない。そもそも、そういうものはふんだんに存在しているわけではない。

むしろ可能な限り、高校の地学教科書にはかならず載っているような地球科学的な情報をベースにして考えていきたい。実は、高校の地学教科書は「高校生向け」ということだがまったく侮れない。「地球科学・気象・天文」を広範囲で網羅していることはもちろん、最新の成果も踏まえており、きわめて優れた資料となっている。

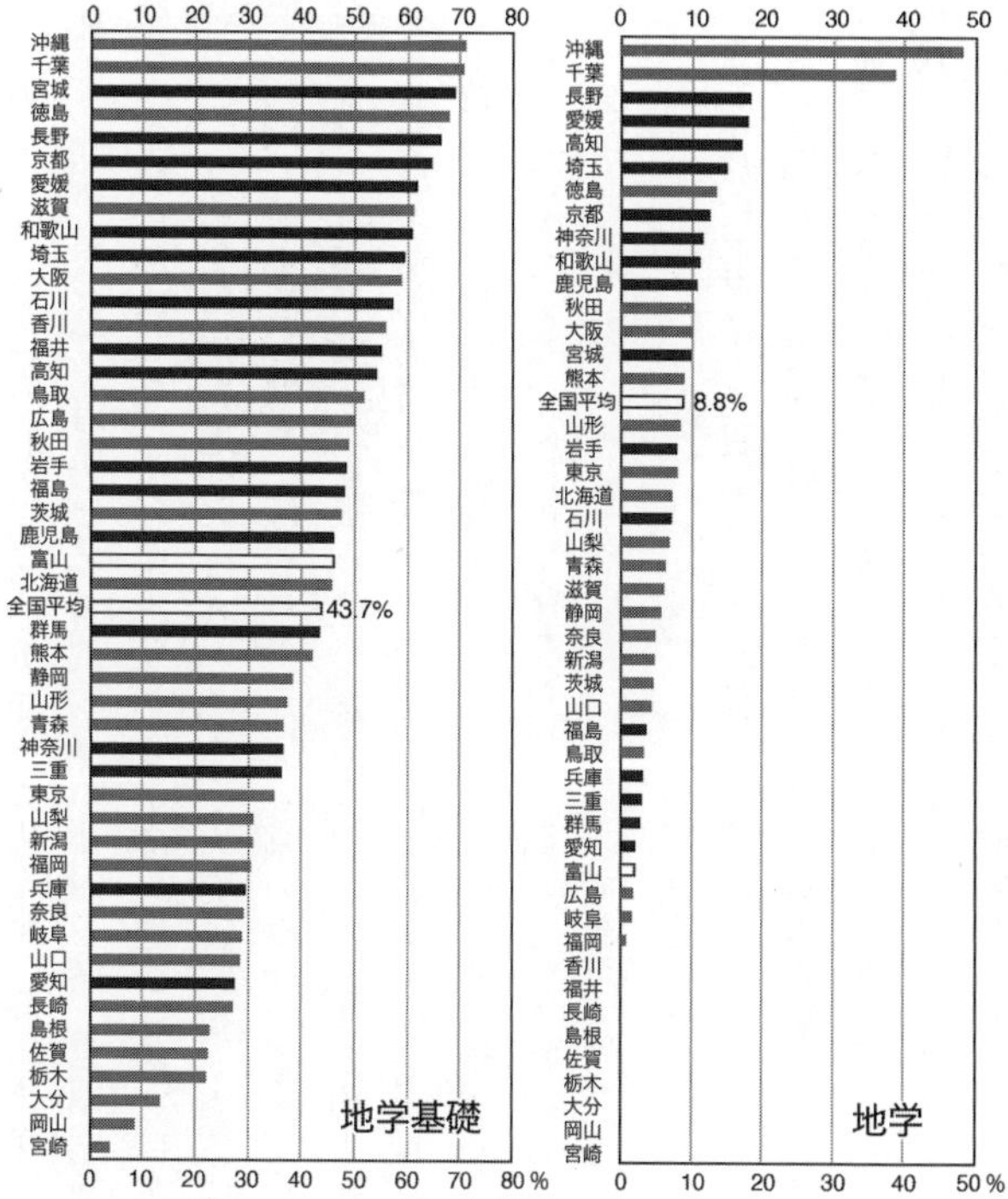

図序－2　高校における地学の開設率（引用図）
左：2単位の「地学基礎」、右：4単位の「地学」。

一方で、残念なはなしもある。近年、吉田幸平・高木秀雄「高等学校理科「地学基礎」「地学」開設率の都道府県ごとの違いとその要因」は、全国の高校における地学の開設率・履修率を明らかにした。それによると、2単位「地学基礎」は全国の高校の約44％で開設されていたが、4単位「地学」は8・8％と全国の高校の1割に充たない（図序-2）。言い換えれば、4単位「地学」は、日本全体の9割の高校で履修する機会がないことになる。機会がなければ当然受講生も限られ、履修率は高校生全体の約1％と見積もられている。

これでは折角の素晴らしい内容の地学教科書も宝の持ち腐れだ。いまや、高校で「地学」を学習しそれに相当する素養を有していることは、希少価値となってしまった。ここではその皆が手にしていない高校の地学教科書で扱われている知的成果を積極的に参照していきたい。

強力な旅のお供――地質図Ｎａｖｉと地理院地図

さらに、産業技術総合研究所（産総研）の地質調査総合センターが運営するウェブサイト「地質図Ｎａｖｉ」を参考にする。筆者がこれを最初に知ったのは２０１８年だったと思う。雑談で話題に上り、軽い気持ちで開いたときは、腰が抜けるほど驚いた。そして感謝した。これまで、通商産業省（現・経済産業省）の地質調査所やその後継の産総研・地質調査総合センターが積み上げてきた各種地球科学情報が、外部機関の成果も含め、総合的に地図情報として落とし込まれ、惜しげもなく公開されている。どうやら、これほど地球科学情報の公開が進んでいる国は世界でもあまり例がないらしい。

この地質図Ｎａｖｉのすばらしさは公開情報の豊富さに留まらない。特筆すべきは、閲覧者自身が複数の情報を自由に選択し、それを複層的に表記することが可能になっている点だ。かつて手描きで地図を複写したり、図を微妙に拡大・縮小コピーをして重ね合わせたりした世代にとっては口あんぐりである。この機能を使えば、たとえば地図上における活火山の位置と沈み込んだプレートの等深度線の関係など、一目瞭然だからだ。

同様に、日本における地理情報の公開もとても進んでいる。国土地理院による「地理院地図」だ。これら二つのウェブサイトは、日々進化を遂げており、日本列島のかたち・成り立ちを考える上で欠かせないインフラとなっている。ぜひ普段使いをお勧めしたい。

3　地球科学的な時間の感覚

長大な時間の捉え方

私は現在還暦間近であるが、この齢になっても、日々経験のないことに直面し、右往左往するばかりである。

そんななか友人から、「志村けんは、人間の一生を「一日」として捉えているよ」というはなしを聴いた。さっそく『志村流』を買って読んでみた。どうやら人の一生を72年とし、それを1日（24時間）に換算して把握しやすくする、ということのようだ。すなわち、3年が1時間に相当する。

たとえば、『志村流』を執筆したときの志村さんは52歳なので、「人生の17時過ぎ」「夏場だったらまだ明るいけど、冬ならかなり暗いたそがれ時」「これから一日の最後の食事、ディナーが残っているから、楽しみがまんざらないわけではないけれど……」と、一生におけるそのときの自分の立ち位置を分析している。人の何倍も独特の経験を積み、時代を駆け抜けてきた志村さんでも（だからこそかもしれないが）、まだ生きたことがない「一生」を客観的にイメージすることは難しく、なんらかの比喩が必要だったのだろう。

それは地球の歴史を考えるときもまったく同じである。「地球の誕生は46億年前」といわれてもピンとこず、「すごく昔」という感想しかないはずだ。先に出てきたサピエンスが誕生した20万年前とどれくらいかけ離れているのか、実感を伴って理解することはきわめて難しい（「年」を「円」に言い換えると、数字の違いを実感しやすいという説がある。46億年と20万年vs.46億円と20万円、いかがだろう?）。

様々な工夫

この捉えにくさをなんとかすべく、多くの工夫がなされてきた。よく用いられるのが、地球の歴史46億年を1年に換算して考える方法。これは『志村流』の人間の一生を一日に換算する発想と同様である。そうすることで、たとえば恐竜が絶滅した6600万年前であれば12月26日となり、意外に年の瀬も押し詰まってからの事件であったことがわかる。ホモ・サピエンスの誕生20万年前は大晦日12月31日の23時37分、NHK紅白歌合戦もフィナーレを迎えるころで、「なんだよ、サピエンス、大きな面して新入りのペーペーじゃないか!」ということが実感できる。

地球や生命、人類の時間スケールを整理してみるという点で、この方法は非常に優れてい

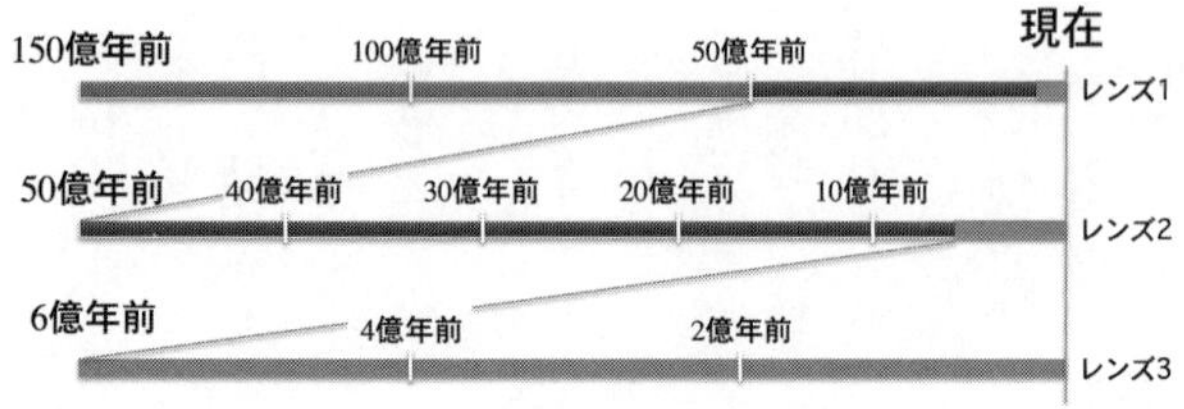

図序－3　『地球全史スーパー年表』型年表の構造
宇宙史・地球史が複数の年表で表現してある。一つの年表のなかで、メモリの幅は変化していない。また、かならず右端が現在となる。

る。私も大いに推奨したい。だが、地質年代が出てくるたびに、いつも換算ばかりしていられない。そのためここでは、九州大学の清川昌一が考案した『地球全史スーパー年表』を紹介したい。

この年表では、地球の歴史を表現するのに、贅沢にも10個の年表を駆使している。過去150億年、50億年……、2000年、200年とどんどんズームアップされたものが、上から下へと10個並んでいる。そして、それぞれの時間のスケールでみた重要な出来事が記述されている。そのため、自分が知りたい出来事が10個の年表のうちどれに載っているかを見ることで、地球史上の位置づけを肌で感じることができる。

また、この年表の最大の特徴は、すべての年表の右端が今現在になっている点だ（図序－3）。このなにげない工夫の効用は計りしれない。どの年表を見ても、「その時間の尺度でみたときの現在」が浮き彫りになるからである。エドワード・カーは『歴史とは何か』で、歴史とは「現在と過去との

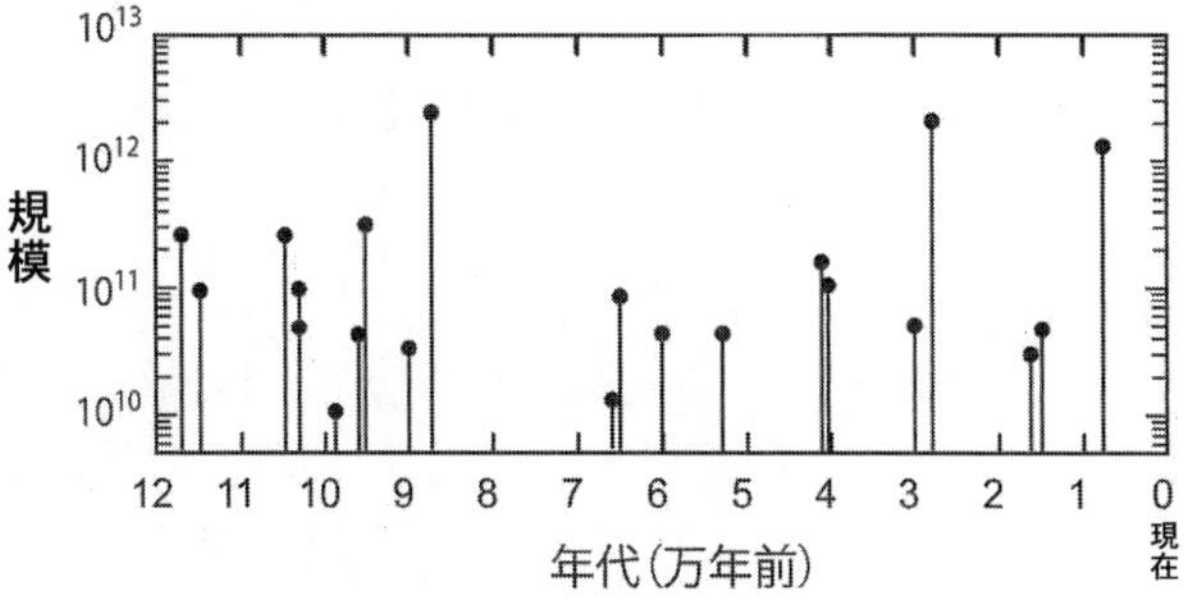

図序－4　過去12万年間のイベントEの発生頻度と規模（引用図）

間の尽きぬことを知らぬ対話」と述べているが、『地球全史スーパー年表』は、まさに過去と現在の対話が容易になるよう工夫されている年表といえるだろう。

加えて、もう一つ利点がある。いつも現在を含めた年表とすることで、将来的なイベントの再来可能性を直感的に理解できる点だ。たとえば、ある種の性質・規模をもつ地球科学的なイベント（ここではイベントEとしよう）が繰り返し起こっているとする（図序－4）。図を見ても、つぎはいつ、どれくらいの規模のイベントEが起こるのか予測するのは難しい。しかし、何か特別なことがない限りは、二度とイベントEが起こらないことはありえず、いつの日かかならず起こるということは一目瞭然だろう。

これから日本列島の成り立ちや資源をみていく上で、高校地学教科書、地理院地図、地質図Ｎａｖｉに加え、この『地球全史スーパー年表』も必需品として挙げておきたい。

第1章　かたち――1万4000の島々の連なり

1　細長い列島

飛行機からの眺め

かれこれ20年近く前、羽田から北海道の女満別《めまんべつ》に飛んだときだと思うが、窓側の席に陣取った私は空からの景色を楽しんでいた。幸い雲ひとつない晴天。当たり前だが、地図とまったく同じかたちに見える海岸線。もし、江戸後期の測量家・地理学者である伊能忠敬がこの状況にあれば、彼は興奮を抑えきれず額と頬をアクリル窓に押し付けて眺めたはずだ。そして、自分の作った日本地図の正しさに満足感を覚えたに違いない。

そんな日本地図様の地形を見ながら、北へ北へ飛行は順調に続いた。さて、トイレで席を立ったときだろうか、ふと気づくと、左手に海が見えたのだ。

「あれっ、戻っているの？」と思って右側を見たら、そちらにも海がある。まったく予想していなかったのだが、東北地方の上空で太平洋と日本海が見えてしまったのだ。今乗っているのは、普通の飛行機だ。高度10㎞の水平飛行の状態で、気象条件さえ整えば列島を挟む両方の海が見えることを想像していなかった。南北に細長いのは知識として知っていたが、これほど細かったのか。

7～8世紀の行基《ぎょうき》、18世紀の長久保赤水《せきすい》、19世紀初頭の伊能忠敬に間宮林蔵と、地図作りのパイオニアたちの手を経て、この国の全体像は徐々に鮮明になっていった（図1－1）。明治以降は国家主導の組織的な全国測量により日本列島像の解像度は飛躍的に上がり、今では、Google Mapも含めて様々な縮尺の地図にアクセスでき、かつGPSで自分がその地図のどこにいるのかが即座にわかる時代となった。

「日本列島の使い方」を考える上でまず基本になるのは、列島の様子であろう。本章では日本列島のかたちと広さについて考えてみたい。

現在の日本列島のかたちと広さ

ここではまず、よそから日本がどう見えているかという意味で、英語版WikipediaでJapanを検索してみよう。翻訳すると「日本は環太平洋火山帯の一部であり、北海道、本州、四国、

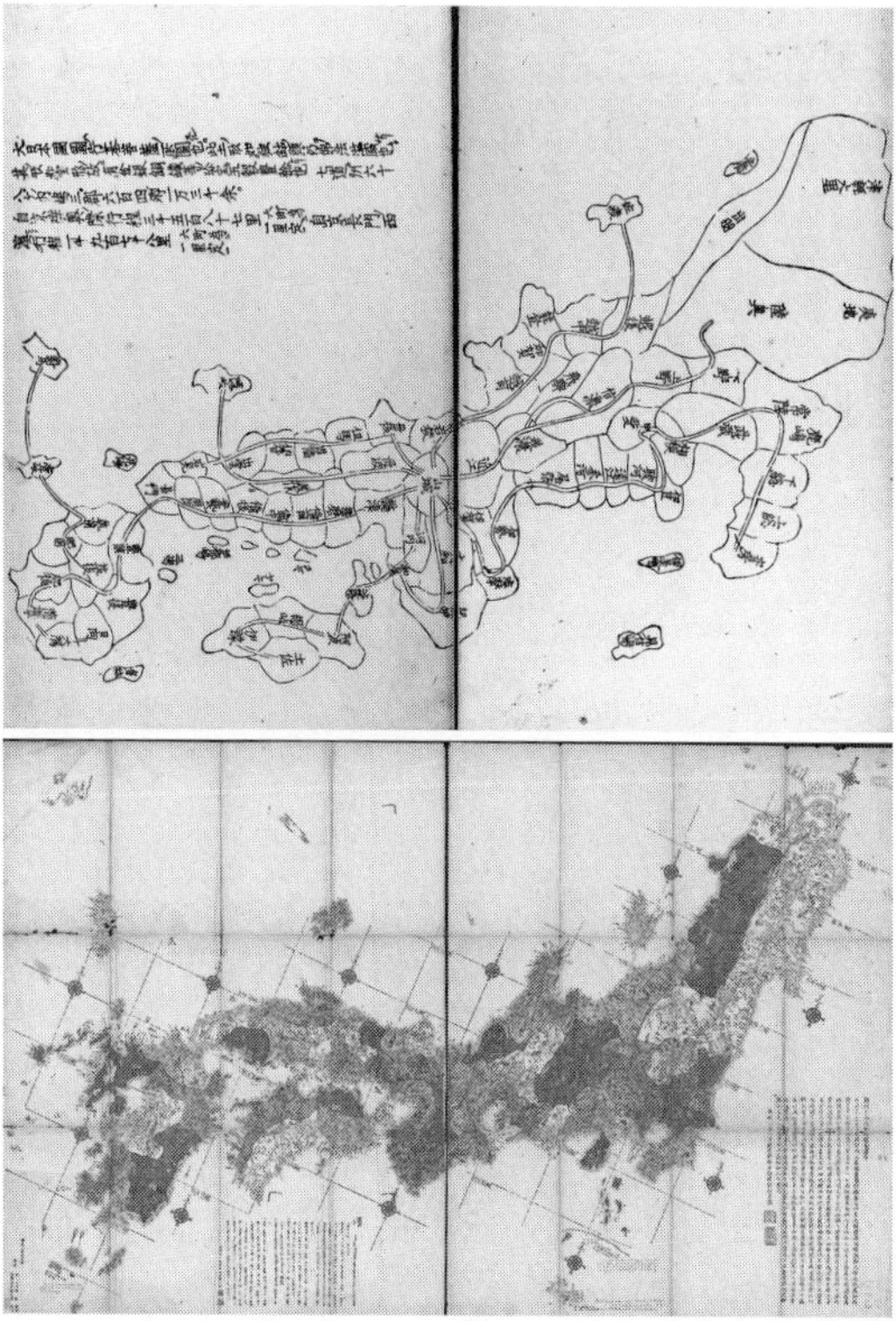

図1－1　「この国のかたち」の変遷（引用図）
上は一般に「行基図」と呼ばれ、飛鳥～奈良時代に活動した仏教僧行基が作成したという伝承がある。
下は長久保赤水が編纂した『改正日本輿地路程全図』。初版は安永8（1779）年。伊能忠敬が第1調査に旅立つ21年前のことである。このように、伊能以前においても、本州、四国、九州に関してはかなりの情報が集積していたことがわかる。ちなみに、赤水は忠敬のように現地測量をしたわけではなく、当時明らかになっていた地図情報を収集・編集・統合してこのような地図を作成した。

九州、沖縄の五つの主要な島を含む1万4125の島々からなる列島である」となる。海の上に並ぶ無数の島々。しかし、意味ありげな、このかたちや連なり方は何によっているのだろう（図1‐2上）。

地学の用語では、日本列島はプレート収束域で作られた「島弧《とうこ》」である。その名のとおり、東から南東側に凸のゆるい弧を描いているのだが、図1‐2上のように、海面から顔を出している部分だけを見ても、そのかたちの意味が伝わりにくい。

では海水を取り去った状態で宇宙から眺めてみる。図1‐2下のように、細長い日本列島を挟む両側では地形は大きく異なり、東から南にかけてぴったりと寄り添うように海溝と呼ばれる溝が分布している。この海溝の深さはそれを埋める堆積物の量によって変わるが、日本列島周辺では深さ4kmから8kmで、それが列島の東～南を縁取っている。

ご存じのように富士山でさえ頂上の高さが3776m。海面より下にはわれわれが目にしている列島よりも巨大な構造物があったのだ。海面から顔を出した日本列島はその巨大な構造の上端にすぎず、先に示した東から南東へのゆるい凸も、まさに海溝の連なりから始まる大構造のかたちを反映したものである。

そして、この海溝こそ大洋側から陸側へとプレートが沈み込む境界であり、地震の巣でもある。

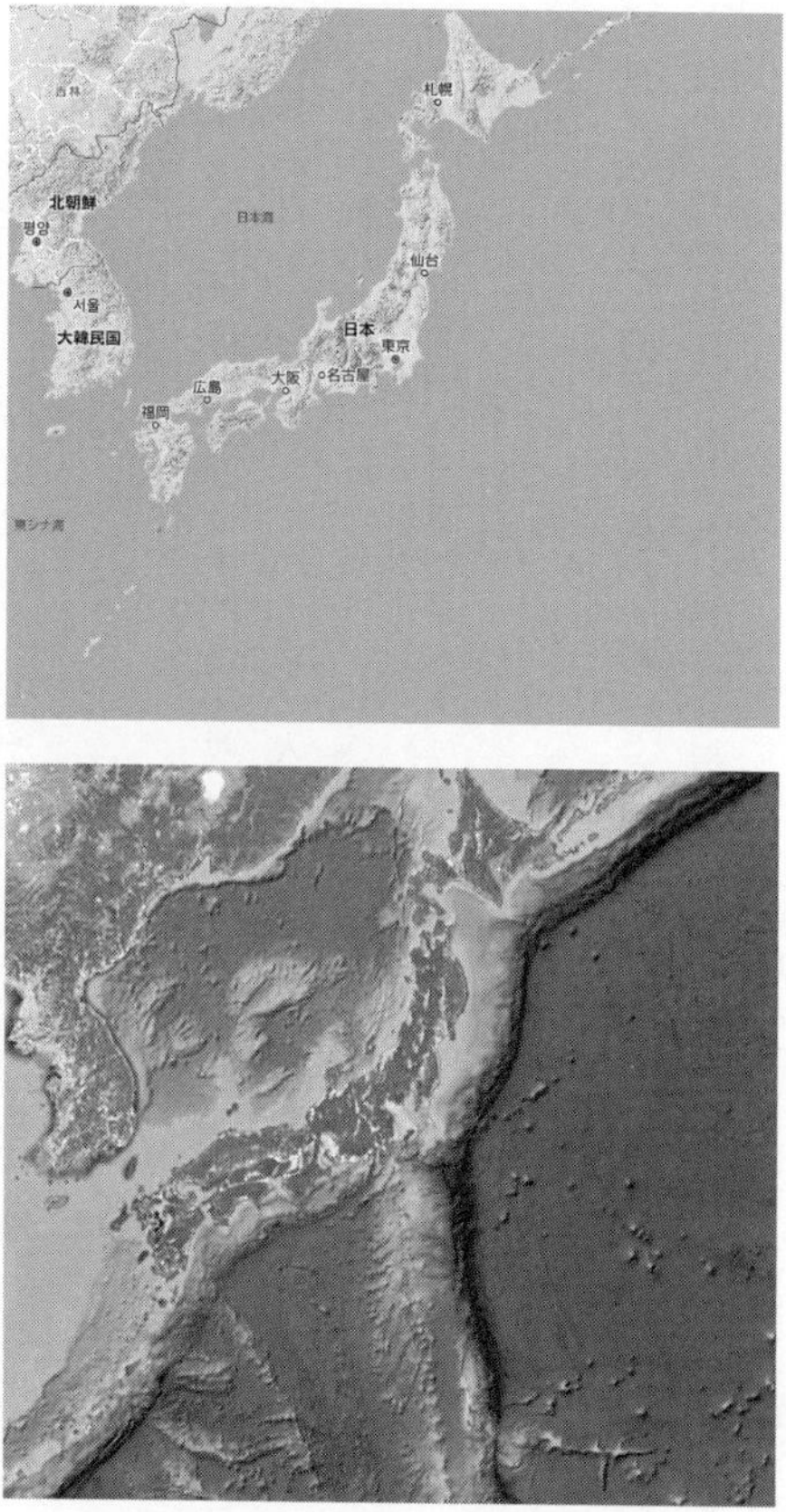

図1－2　**日本列島のかたち**（地質図Navi）
背景地図を上はGoogle地形、下はGoogle航空写真を選択。日本列島は無数の島々からなっている。北北東—南南西方向に延び、かつ東に凸の弧を描いていることがわかる。

2　なぜ地球には陸があるのか

削り続けられる陸

小学校で「地球の表面積の70％が海、30％が陸」と習ったときの印象はとくに記憶にない。別段驚かなかったのだろう。大学に入り、「海の平均の深さは4000m、陸の平均の高さは800m」と教わったときは少しばかり驚いた。海は広くて深い、陸は狭くて低い、そのように意識をしだすと、何か足元が心もとない感覚にならないだろうか。

今、海に行くと人工物で守られていない海岸を見つけるのは難しい。港はコンクリートで覆われ、テトラポッドが置かれていない砂浜は貴重な存在となった。テトラポッドは大荒れの天候のときに陸が海水に削られることを防いでくれている。

また、川に目を転じても、台風が直撃し暴風雨に見舞われれば、普段の清流も濁流となる。陸の一部をかたちづくっていた土壌や岩石が削られ、水の営力で川に運ばれ、海に運搬されるからである。

このように、陸地は徐々に削られているのだ。しかし、そのような働きが何十億年も延々と続いてきたのに、いまだに陸が30%もあるのはなぜだろう。むしろ陸地が残っていることに驚愕《きょうがく》すべきではないのか？　すべて削られて「陸のない地球」、映画『ウォーターワールド』のようになってもおかしくないはずだ。

この問題の不思議さは、図1-3によってさらに増す。これは地球全体を対象として標高・水深ごとの累積面積を表現したものだ。この図を見ると「陸の危うさ・はかなさ」がより鮮明になる。しかし、いったいなぜ陸が残っているのか？　簡潔に述べると、それは陸を削る侵食作用に均衡するように、「陸を作る作用」が働いているからである。

陸の作られ方

ここで世界のプレート分布を見てみよう（図1-4）。各プレートが様々な方向へ様々な速度で移動していること、プレート境界は、拡大境界、沈み込み境界、横ずれ境界に分類できることがわかるだろう。

第3章で詳しく論ずるが、沈み込んだ海洋プレートが放出した水によりマントルの一部が溶け、そのマグマによって密度の小さい地殻ができたり、もしくは地表に溶岩や火砕物が噴き出る（火山の噴火、図1-5）。また、一部の海洋プレートの沈み込み境界では、プレートに載って運ばれてきた堆積物や海溝に流れ込んだ砂などが、海溝の陸側にくっついて押し上

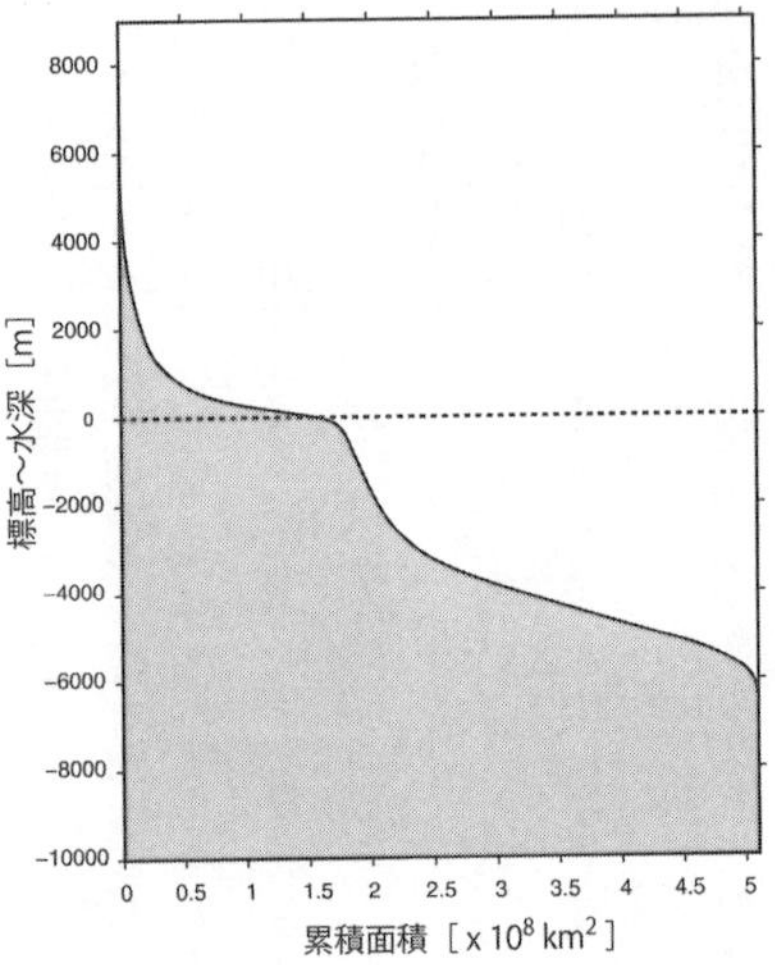

図１－３　地球全体を対象とした標高・水深ごとの累積面積（引用図）

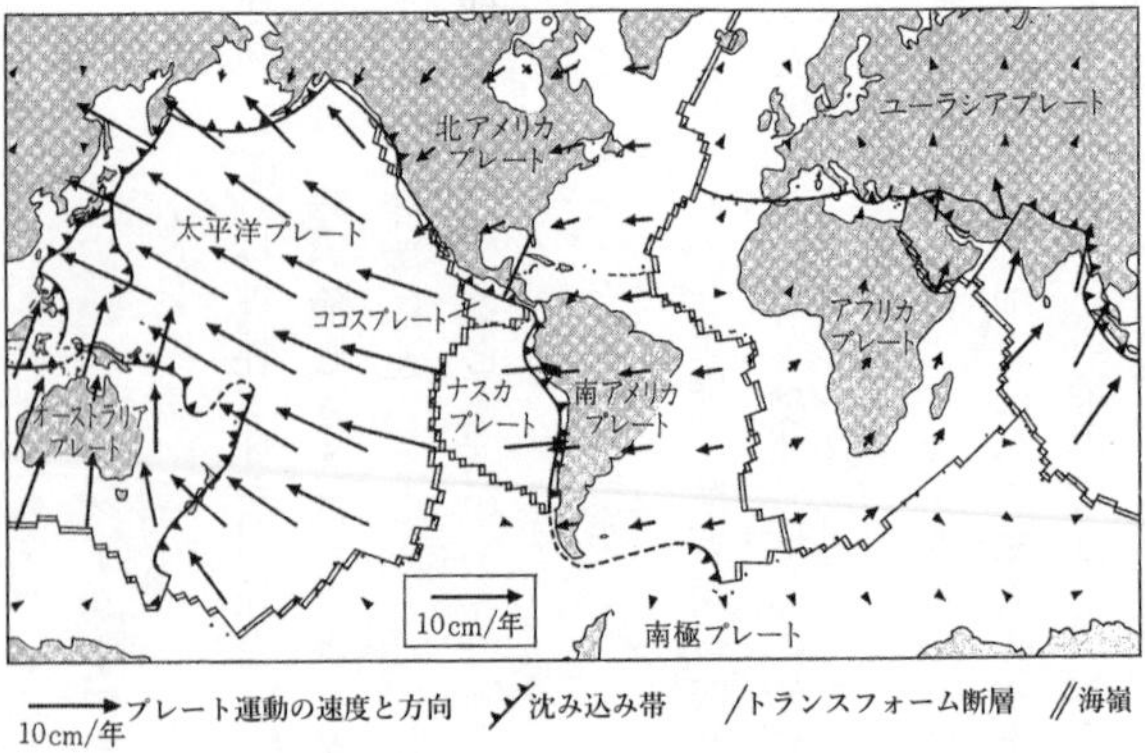

図１－４　世界のプレート分布（引用図）

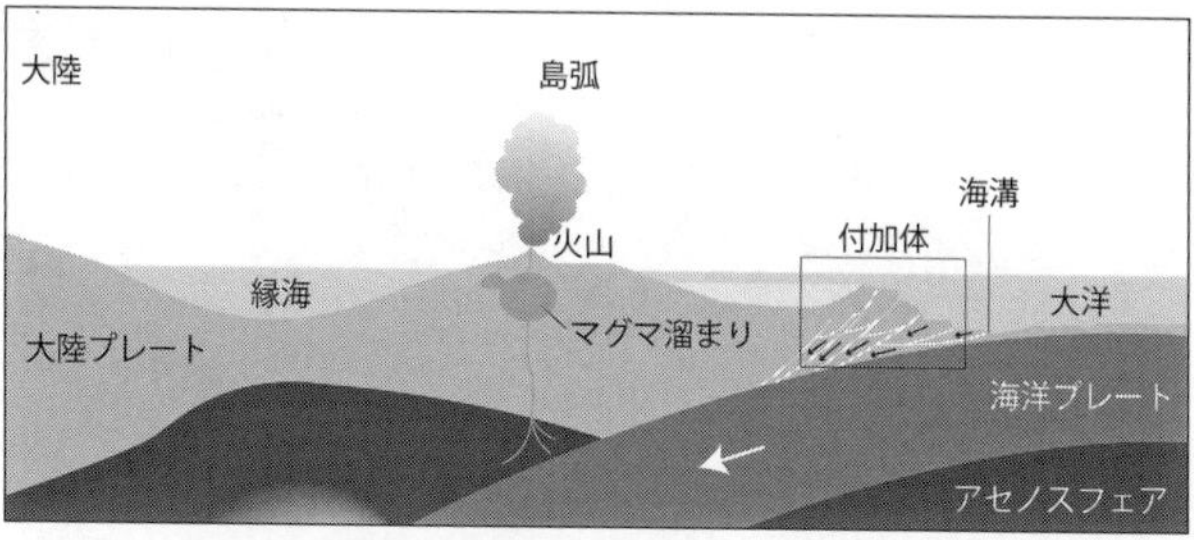

図1－5　島弧―海溝系の模式図（引用図）

げていく（付加作用：図1－5中の□部分）。そして、さらに、地殻が横方向から圧縮されると盛り上がる。以上が、陸を作る代表的な作用として挙げられる。そして極端に高い山の存在は、大陸地殻どうしの衝突によるものだ。現在もインドとユーラシア大陸は押し合っており、その結果、険しいヒマラヤ山脈がそびえ立つ。

陸を構成する地殻は地球全体で考えると密度が小さく、マントルに浮いている存在である。

仮に陸の表面が削られ少々薄くなったとしても、マントルとの新たな均衡を保つように陸が浮き上がる。そのようなわけで、雨風がせっせと陸を削ろうとも、地球に陸は残り続けているというわけだ。

土地の地質を見てみれば、右に挙げたどの作用により陸になっているか、知る手がかりになる。たとえば、地質図Ｎａｖｉの親サイト「20万分1日本シームレス地質図V2」（以下、シームレス地質図V2）で四国と中国を見てみよう。ここから、四国の

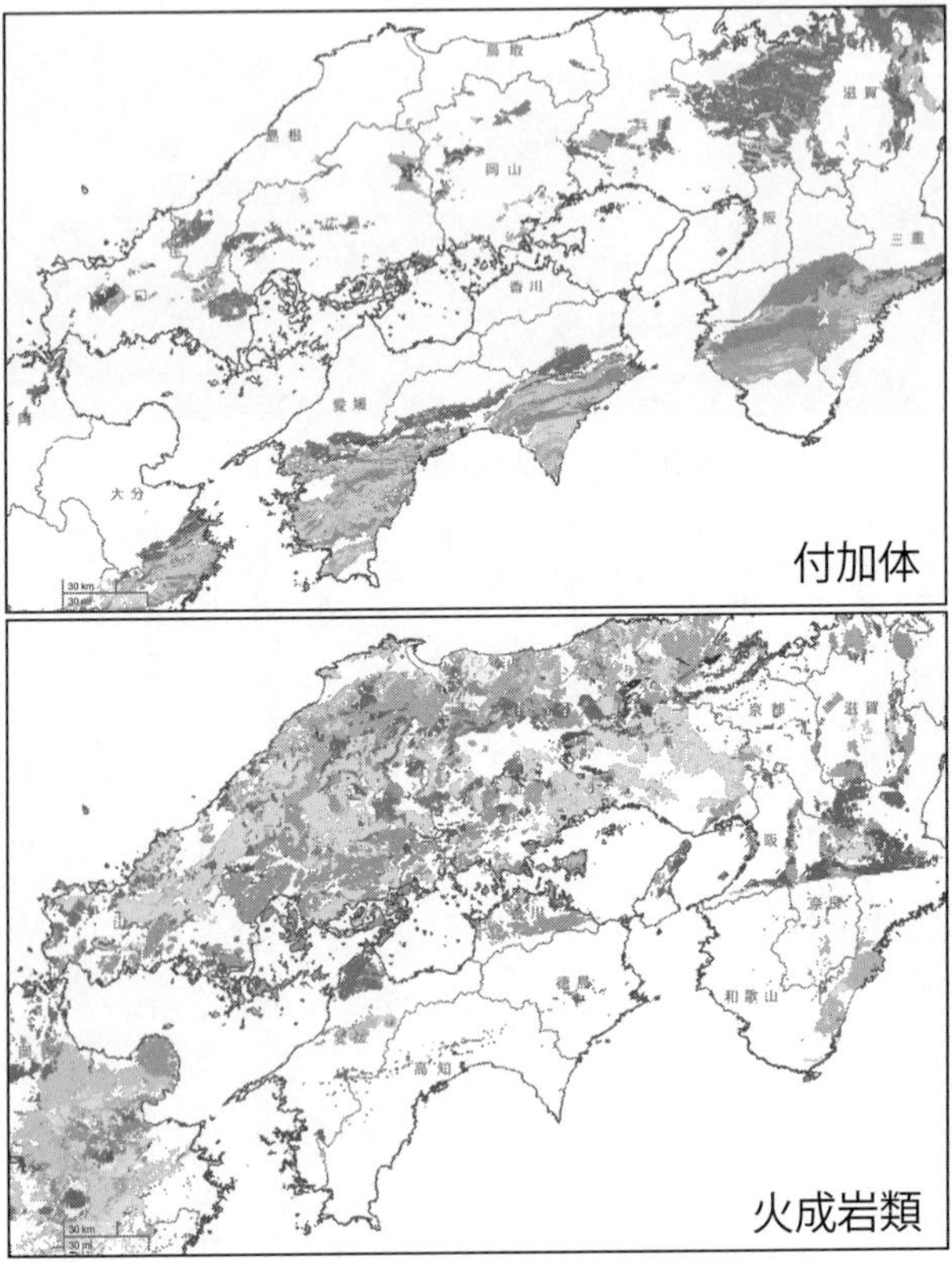

図１－６　列島を作る岩石（シームレス地質図V2）
上が付加体、下が火成岩類の分布を示す。

南半分はきれいに東西に延びる付加体の縞でできていることがわかる（図1‐6上）。すなわち、南半分は海溝の陸側にくっついた付加作用でできたものだ。南に行くほど岩石の年代が若くなることから、のちの時代にくっついたものとわかる。

一方、中国はがらっと変わり、付加体の分布は限られ、昔のマグマ溜まりやマグマ溜まりから噴出した火成岩類（図1‐6下）からなっており、おもにマグマの働きによりできた陸であることがわかる。このようにわれわれが生活の舞台とし日々踏みしめている大地は、場所によってでき方やできた時代が大きく異なる。

7000年間の僥倖——海面の上昇と下降

現在、われわれが実感を伴って、海面が上がったり下がったりするのを目の当たりにできるのは干潮と満潮だろう。日本最大の干満差を誇る有明海では、6mを超えることがある。およそ2階建て住宅の軒の高さだ。この干満を生み出す力は潮汐《ちょうせき》力と呼ばれ、月と太陽の引力によって引き起こされる。いわば、海水が月や太陽に引っ張られて右往左往させられている様子を目の当たりにしているわけで、海水そのものが増減した結果ではない。

ここで時間の軸を1日から数千年～数百万年に延ばしてやると、まったく別の景色が見えてくる。海水の量そのものが変化し、海面の高さが大きく変動するのだ。

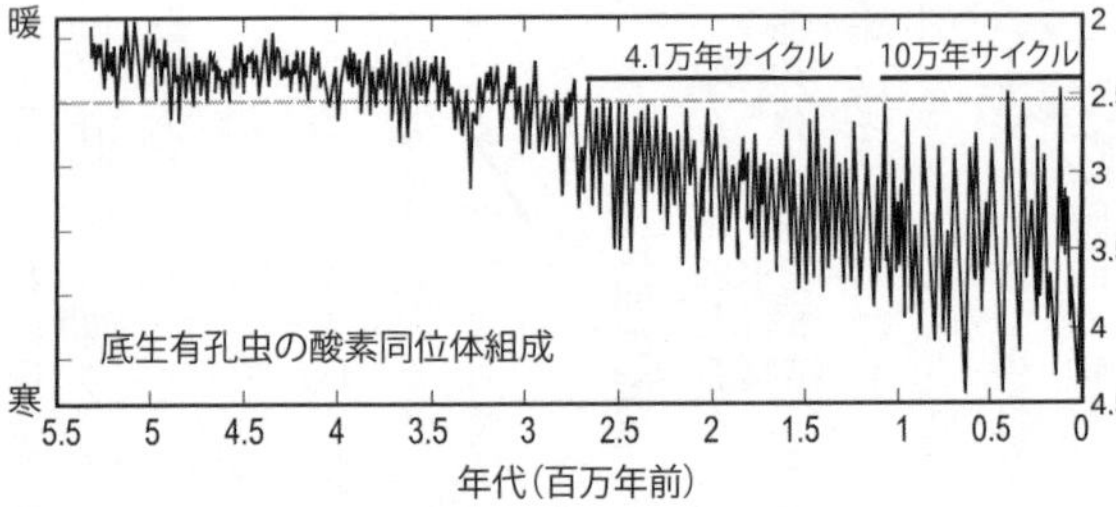

図１－７　底生有孔虫の炭酸塩殻酸素同位体組成の変動（引用図）

図１－７を見てほしい。この図の横軸は年代で過去５５０万年間、縦軸は海底に住む微生物の炭酸カルシウム殻の酸素同位体組成を示している。この値が上に行った場合は温暖な間氷期、下に行った場合は寒冷な氷期である。今現在はこの分類でいうと、温暖な間氷期。ギュンツ－ミンデル－リス－ウルムという過去４回の氷期の名称を耳にした読者もいるかもしれない。しかし、氷期はその４回だけではなかったのだ。

とくに、２５０万年前以降は、無数の氷期—間氷期が繰り返され、現在に近づくほど気候の振幅は大きくなっている。氷期では地球の高緯度の陸域に降った雪は根雪《ねゆき》となり、やがて氷の塊に変化し、海に戻らない。それが厚さ数㎞の巨大な氷床を作った。そのため、地球全体で考えれば、海と陸の水のバランスが変わり相対的に海水の量が減る。海面が下がる理由だ。図１－８からは、直近の氷期である２万年前には、現在と比較して海面が１２５ｍも下がっていたことがわかる。

もし、海と陸の境界の地形が垂直に切り立っていれば、海面

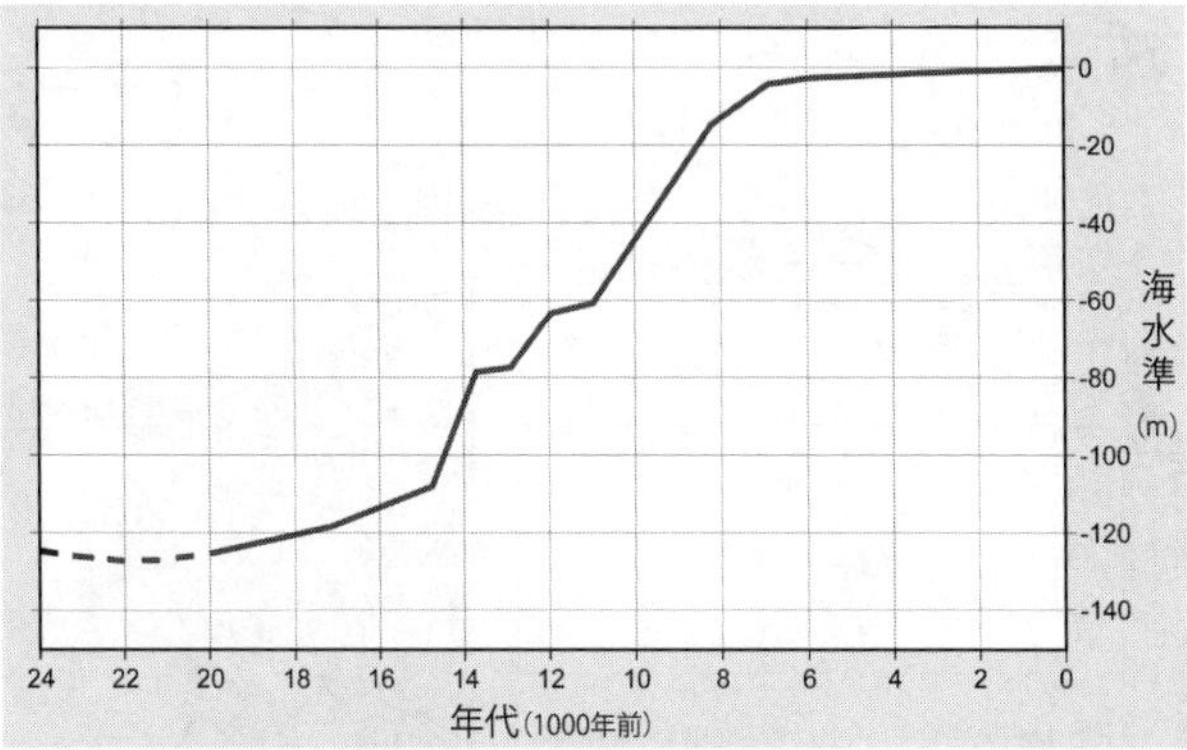

図1－8　過去2万年間の海水準の変動（引用図）
約2万年前から約7000年前にかけて、100m以上、海水面が上昇したことがわかる。約7000年前から現在にかけて、海水準が非常に安定していることに注意。

が上下しようと陸の広さは変化しない。しかし、実際にはそんな地形はありえず、一般にはもっとなだらかである（図1－9）。そのため、海面が上がれば陸は狭くなり、逆に海面が下がれば陸は広くなる。

ホモ・サピエンスが日本列島に生活の痕跡を残すようになった3万8000年前以降について考えよう。彼らはまだ定住しておらず、狩猟採集生活を送っていた。一世代が短く、歴史を伝える文字も持っていなかったので、気づいていたかどうかわからないが、肌寒さは増し、海はどんどん遠くなっていった。本章の視点、列島の広さでいえば、列島はみるみる広くなる。

そして、縄文時代が始まる少し前、約2万年前の最終氷期の最寒期には、ついに海面は現在よりもマイナス125mに達した（図1－8）。

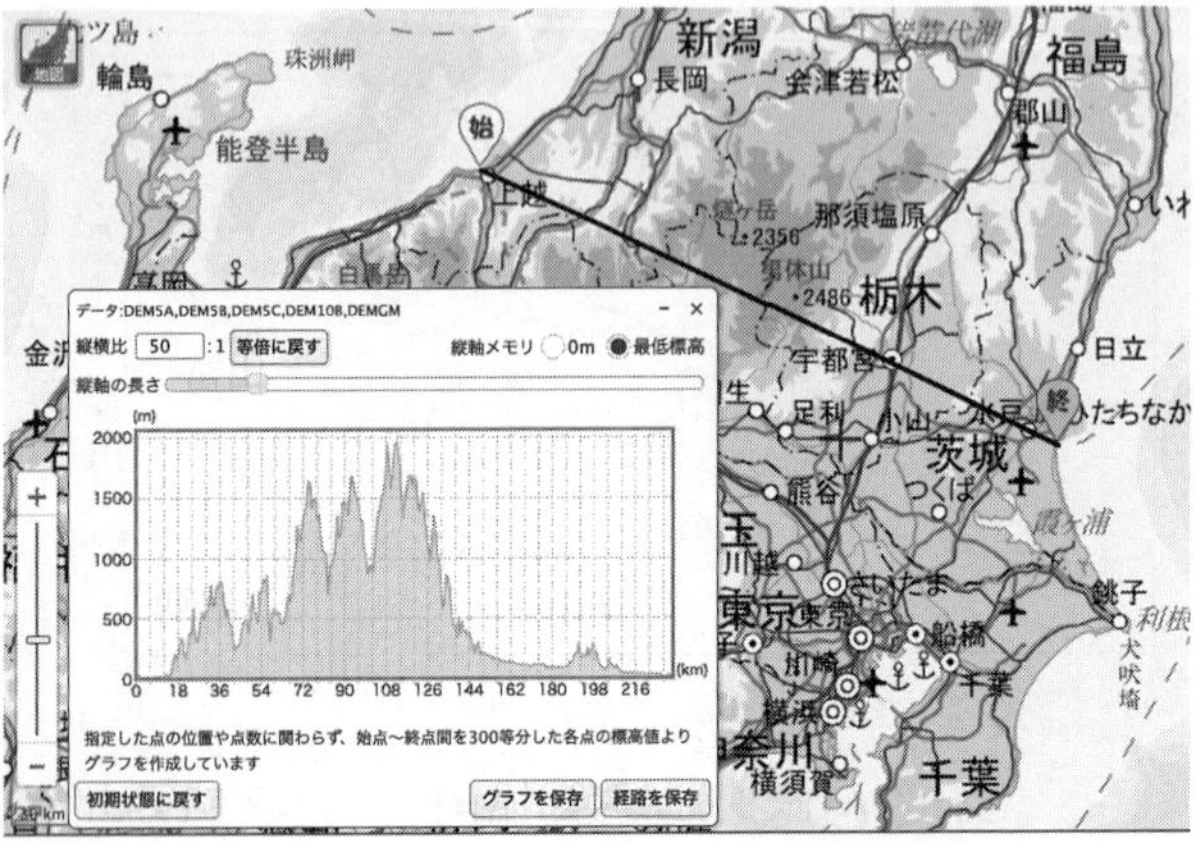

図1－9　日本列島を横切る地形断面図（地理院地図）
垂直方向に50倍拡大。ここでは上越と水戸を通る断面を示した。

北海道、樺太は大陸の続きとなり、本州、四国、九州も一つの陸となる。現在の対馬海峡、津軽海峡は浅くて狭い水路になっていた。そして、2万年前を過ぎると、海面はぐんぐん上昇し、約7000年前に現在と同じ高さになり、そのあとはほとんど一定である。

このように、海水準（波や潮の干満などによる変化を平均化した海水面の高さ）が大規模に変動すると、日本列島のかたち・広さは変化する。日本国憲法の前文には、「わが国全土にわたつて自由のもたらす恵沢を確保」とあるが、海面が上がったり下がったりすれば、「自由のもたらす恵沢」が担保される範囲も大きく増減することになる。

地質図Ｎａｖｉでその様子を見てみよう。「データ表示」の「地形」にある「海面上昇

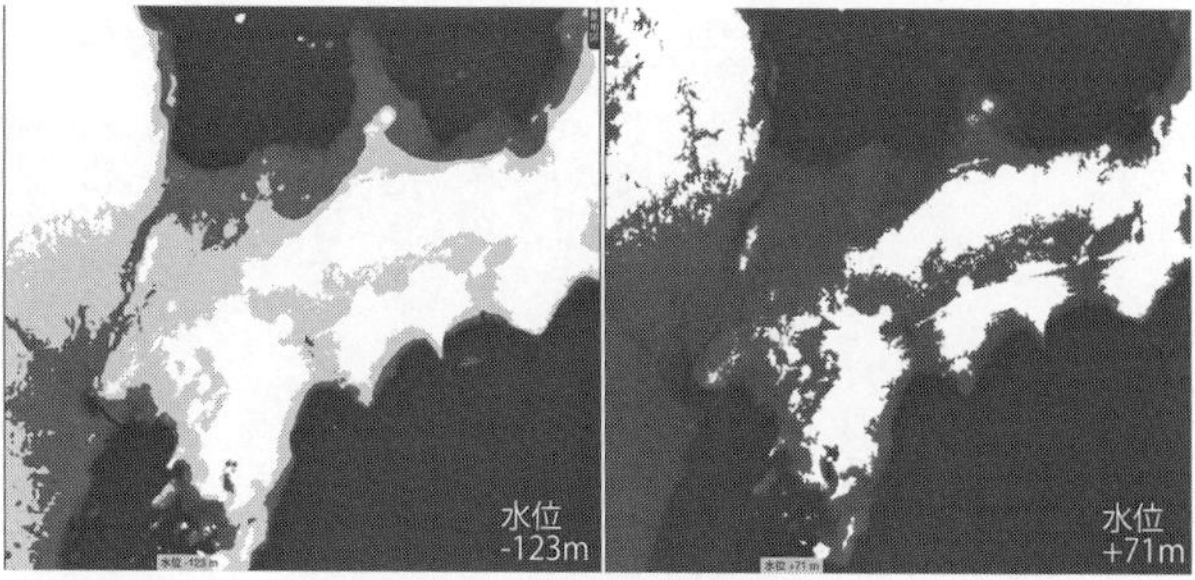

図1－10　海面を上下させたときの日本列島のかたち（地質図Navi）
左は123m海面を下げたとき、右は71m海面を上げたとき。現在の地形をもとに簡易的に示したもの。実際の海進・海退時には、堆積・侵食の作用が働き地形も変化するがここではそれを無視している。

シミュレーション」を開いてみてほしい。ここでは少し極端に、地球上のすべての氷床の氷が溶けたときの海面上昇とされる約プラス70m、また先ほど紹介した2万年前の最終氷期の最寒期の海面低下の様子を示してみた（図1－10）。先ほど、海の平均の深さは4000mと書いた。そのおよそ5％（消費税の半分！）、たかだか200m海面を上下させるだけで、日本列島のかたち・広さには、これほど大きな違いが生ずることになる。

普段われわれがなじんでいる「何年」「何十年」という時間軸を離れ、地質学的なスケールで眺めると、海面は100mの単位で上下し、それに伴い日本列島のかたちも広さも大きく変化してきたことが理解できるだろう。貝塚に残された遺物から、われわれの先祖は海の恵みを堪能しながら生きてきたことがわかる。またわれわれも臨海開発し、水際に巨大な構造物を作ってきたが、この約7000年間は海面が大きく上がりも下がりもしなかったきわめて特殊な状況下にあったということは理解しておきたい。

まとめ

足早に日本列島のかたちと広さをみてきた。人間の一生という時間スケールでは、日本列島のかたち・広さはほとんど変わらない。しかし、サピエンスの歴史20万年間、もしくはサピエンスが日本列島に生活の痕跡を多量に残すようになった過去3万8000年間でみると、かたち・広さとも大きく変化してきていることがわかる。

そして過去7000年間、かなり例外的に海水準がほぼ一定を保っていたことは、いくら強調してもしすぎることはない。海水準の素早い変化は、狩猟採集民や農民、またわれわれと、どんな生業《なりわい》をしている者にとっても影響を及ぼす。しかも、土地の利用が高密度化・高度化した後世になるほどその財産目録へのダメージは大きい。この約7000年間はそんな心配をすることなく、「固定された海面」の水際で日々の暮らしを営むことができたわけである。

第2章　成り立ち

1　独立まで

列島の成り立ちを知る意義

田中角栄の『日本列島改造論』は、現在、どのように総括されているのだろうか。私は世代的にその名称は聞いていたはずであるが、当時の記憶はまったくない。のちに、金も人も大都市圏へ集中することによる都市圏・地方それぞれの弊害や公害問題などを一挙に解決するということがモチベーションになっていたと知る。一方で、投機的な土地の買い占め等々、当初の動機とは異なる弊害も多数生んだということも学んだ。

平らな土地さえあれば、つぎの日からそこに人が集い暮らせるわけではない。ローマ軍が土木工事を重視していたこと、また家康が江戸の発展を見据えて、河川改修、海岸の埋め立て、水道工事から開発を始めたことはよく知られている。たとえ平らな土地であっても、まず安全を確保し、さらにインフラの整備が必要なのだ。

仮に、手つかずの真《ま》っ新《さら》な日本列島が目の前にあるとして、われわれは何から手をつければよいのだろうか。また、どのようなグランドデザインに基づく開発が適切なのだろうか。それらを考えるためには、まずこれまで天然・自然が「どんな土木工事を行ってきたのか」を知る必要がある。

日本列島は地域ごとに個性があり、それぞれ特徴的な履歴を有するが、今回は筆者の生活の場であり馴染みがある東北日本を中心に述べることにした。17世紀の末、松尾芭蕉は河合曽良とともに、東北日本を一気に駆け抜けた。約３００年前というとはるか昔に感ずるが、地質学的な時間スケールでいうとほんの一瞬である。プレート運動の方向・速度などはもちろん、基本的には、芭蕉もわれわれも同じ地球科学的な制約を受け、同じような岩石・地層がかたちづくる景観のなかで暮らしていた。芭蕉は関西で生まれ育った人だが、はじめて訪れる東北日本でどのような景色に心を動かされたのだろうか。本章では、芭蕉が歩いた道筋をたどり、天然・自然の「土木工事」の様子をみてみたい。

親離れ——日本海の形成

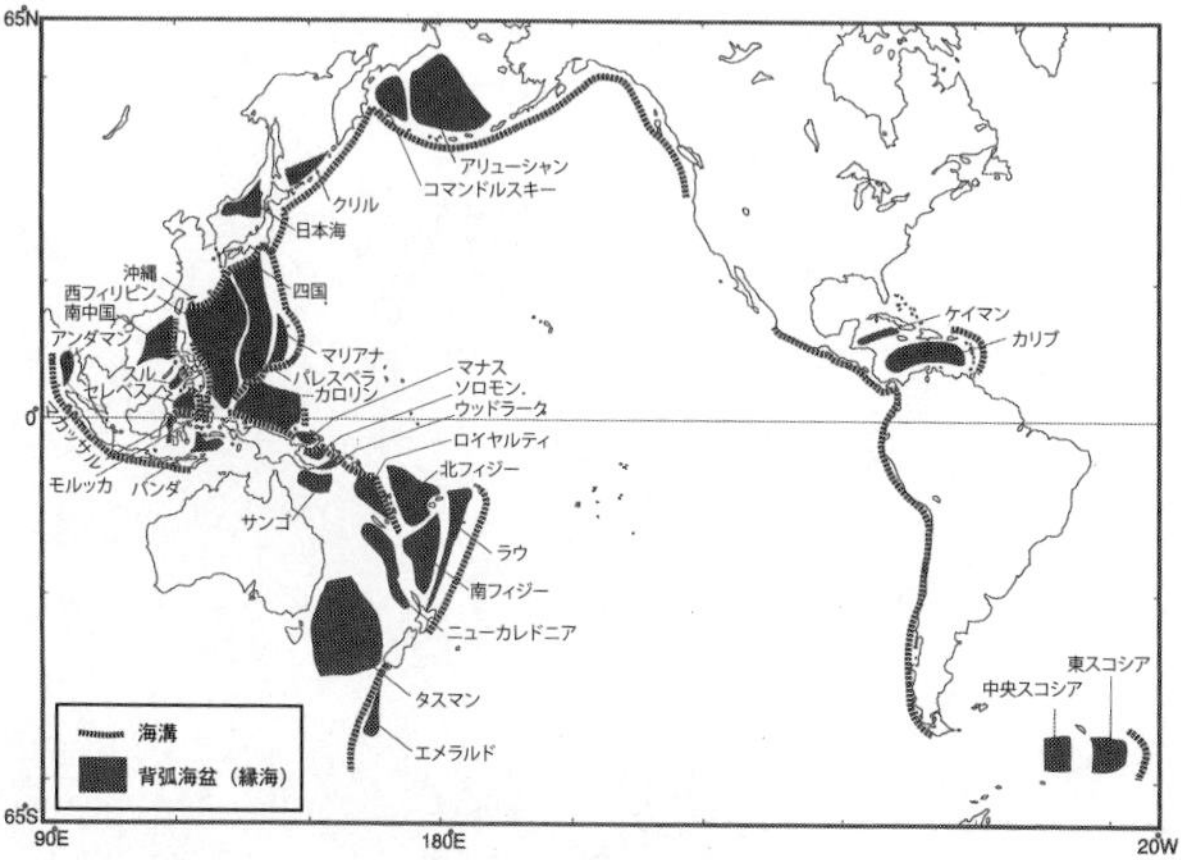

図2－1　世界の背弧海盆（縁海）（引用図）

日本列島は、以前はユーラシア大陸の東縁部に位置していたこと、そこから分離し、現在の位置に落ちついたのは約1500万年前、という点は、多くの研究者の意見が一致している。ただし、なぜ大陸からの分離が起こったのか、どのようなプロセスで進行したのか、という点では議論が続いている。

また、いつから分離が開始されたのか、を決定することも難しい。もちろん、日本列島の起源に関わる根本的な問題であるので、多くの研究者がこれらの課題に挑戦しており、たくさんの研究成果も得られているが、現時点では共通認識には到達できていない。

はっきりしているのは、新生代になって以降、「沈み込まれる」側のプレートの上面が割れ、拡大し、新たな海盆《かいぼん》が形成する、という出来事

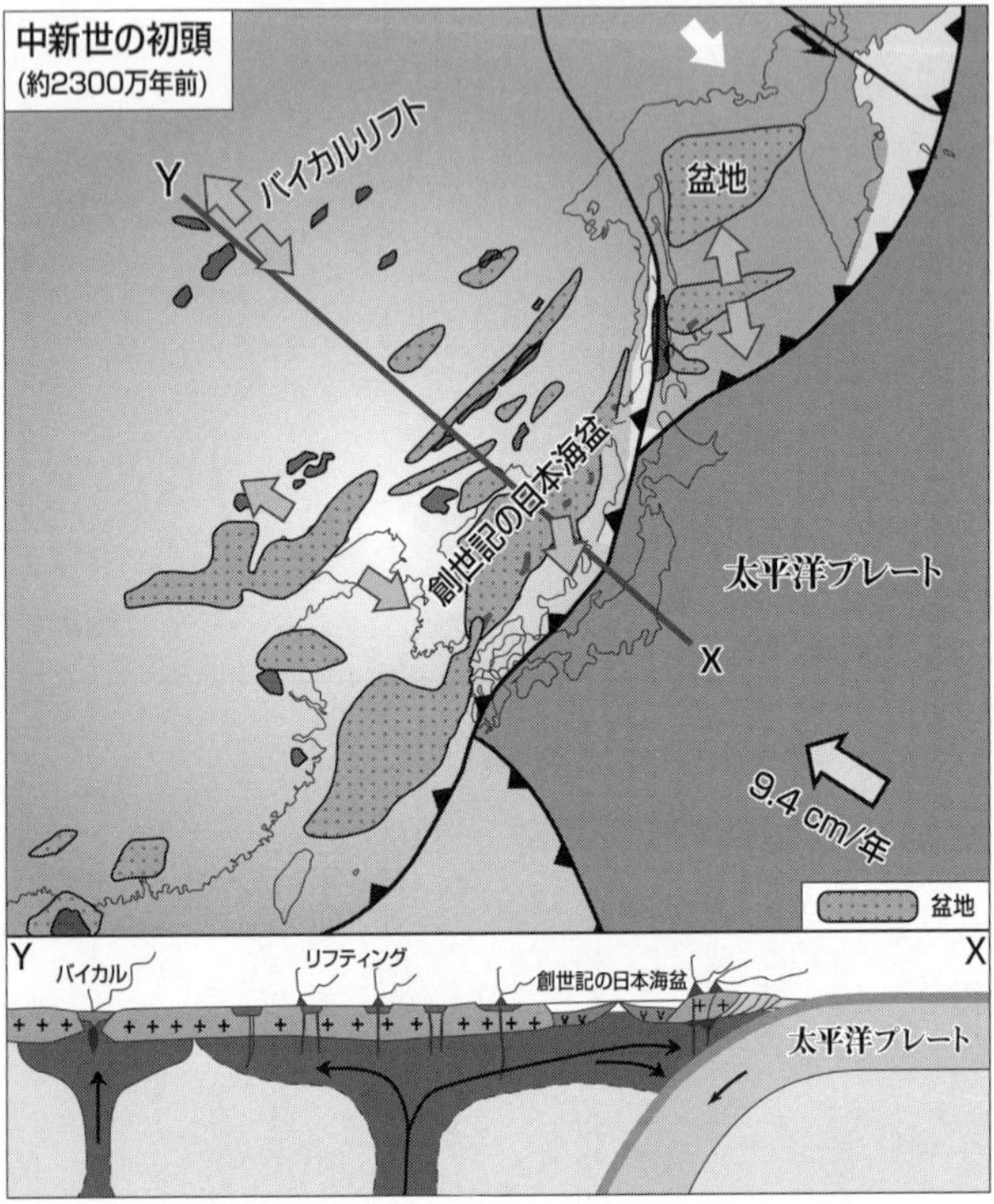

図２－２　日本列島形成以前のユーラシア大陸東岸（引用図）

が起こっていたのは、ほとんどが西太平洋地域ということだ。結果、背弧《はいこ》海盆（縁海《えんかい》）が多数生まれた（図２－１）。日本海もその一つである。

図２－２に２３００万年前の復元図の一つを示した。日本列島はまだユーラシア大陸の東縁の一部であり、島としての姿かたちはない。ただ、すでに大陸の様々な場所で拡大が始まっており、割れ目が生じ、あちこちに盆地が形成されていることがわかる。さらに割れ目が拡大し、広く海水が浸入するのは約２０００万年前、また１８００万年前～１６００万年前には拡大速度がとくに大きくなる。そして、先に述べたように約１５００万年前には現在の位置に落ちつき、独立した列島として歴史を刻んでいくこととなった。

２　独立のあと

芭蕉が歩いた道

日本列島がユーラシア大陸からの分離を終え、ほぼ現在の位置に配置された時期からはなしを続けよう。この時期の東北日本は今現在の様子とまったく異なり広範囲で水没していたことがわかっている（図２－３）。東北日本で大きな陸といえるのは、現在の北上山地、阿

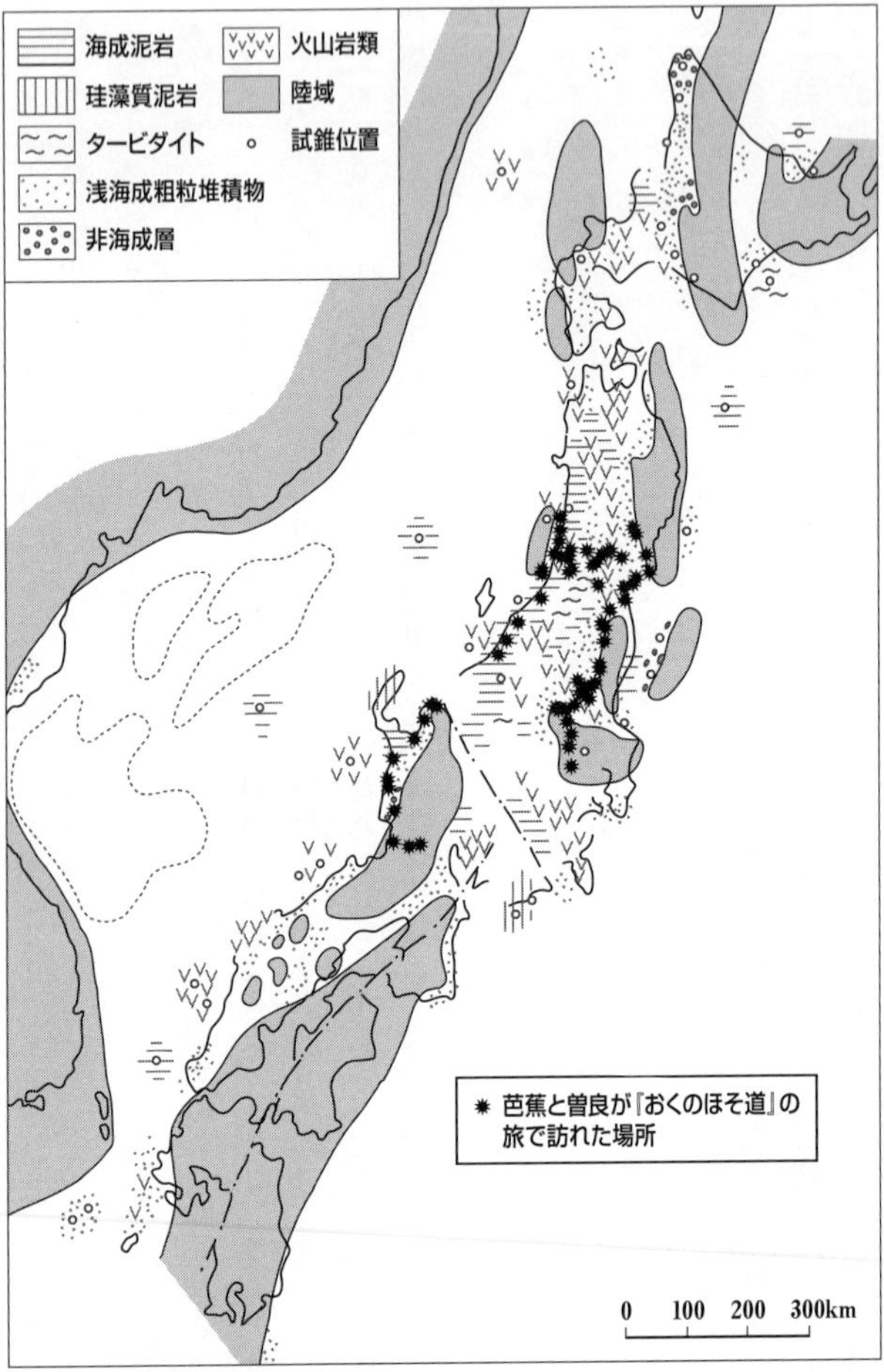

図２－３　日本海形成後の日本列島と『おくのほそ道』（引用図）

図２－４　**芭蕉の生家付近の地質**（シームレス地質図V2）
芭蕉は花崗閃緑岩や泥質片麻岩が作る山に囲まれた盆地で生まれ育ち、29歳まで暮らした。

武隈山地である。

この図に芭蕉が『おくのほそ道』の旅で曽良と歩いたルートを重ねてみた。多くの行程が、当時は海であったことがわかる。もしこの旅が３００年前ではなく、１５００万年前になされていたなら、芭蕉はほとんど船上の人となっていたわけだ。『おくのほそ道』に収められた多くが海の絶景を詠んだ句、もしくは酔いの苦しみの句になっていたかもしれない。

ただふざけているわけでなく、これは重要な意味をもっているように思われる。すなわち芭蕉は、１５００万年前は海であり、それ以降、徐々に陸になっていった景色に魅了され、それを一歩一歩踏みしめたことになる。

芭蕉が生を受け、29歳まで過ごした現在の三重県の伊賀上野は盆地であり、それを縁取る

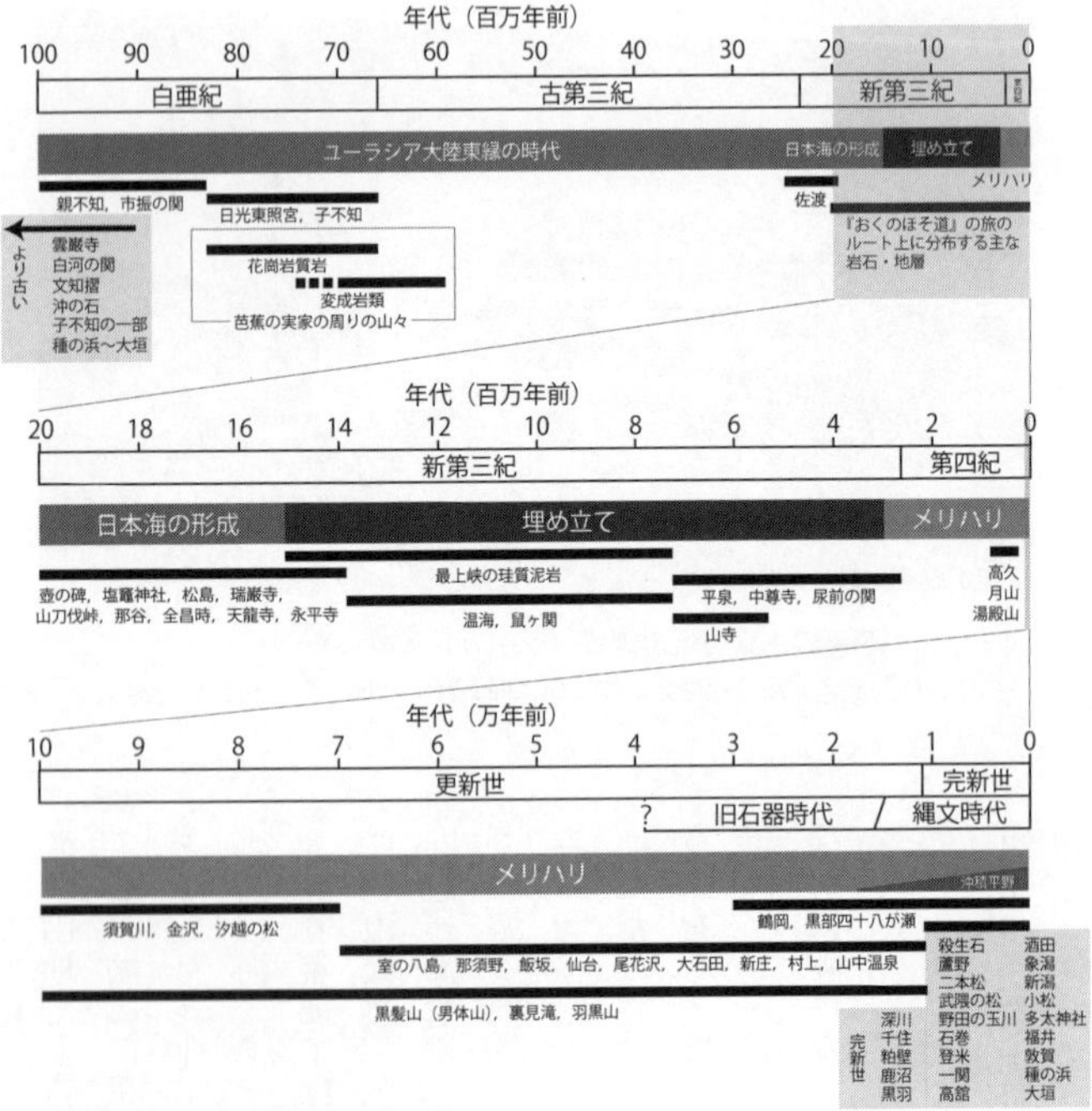

図2－5　『おくのほそ道』地質年表

『おくのほそ道』の旅で芭蕉が歩いたルートの主な岩石・地層の形成年代を示す。岩石・地層の形成年代はシームレス地質図V2を参照した。ある場所が複数の岩石・地層からなる場合は、芭蕉が訪れた地点、もしくは宿で代表させた。施設名の場合はそれが建っている土地の岩石・地層の意。ちなみに、示したのは岩石・地層の形成年代であり、その地形ができた年代ではないことに注意。

山々は大陸の一部を構成していた古い花崗岩質の岩石や変成岩類からなる（図2－4）。いわば前半生は大陸的な岩石がかたちづくる景観に身を置いていたわけだ。そして、江戸へ出たのち、40歳を過ぎたあたりからいくつかの旅に出るが、句作の集大成として選んだのが、奥羽・北陸への旅である。

もちろん芭蕉は、尊敬し憧れる西行と同じ景色を見る、歌枕を訪ねる、さらには仙台藩の状況を探るということがこの地を選んだ理由であり、地質学的な背景を考慮していたわけではない。しかし、実際に歩いてみた結果、彼を魅了したのは1500万年前には海で、それ以降、陸になった「若い」景観であったのだ（図2－5）。この図を見ると、多くの句が、日本列島が大陸から分離しはじめてから形成された岩石・地層が作る場で詠まれたことがわかる。芭蕉が幼少期から青年期にかけて眺めたであろう、陽が昇り沈む山々の連なりをかたちづくっていたような古い岩石が醸し出す景色には、あまり反応しなかった。

埋め立てられる東北日本

さて、西暦1689年当時、芭蕉を魅了した風景は、どのような岩石・地層をもとにしたものだったのだろうか。図2－6は約1500万年前の東北日本の鳥瞰図・鯨瞰図である。これは地層に含まれる底生有孔虫《ていせいゆうこうちゅう》という小さな化石を手がかりに復元されたものだ。種ご

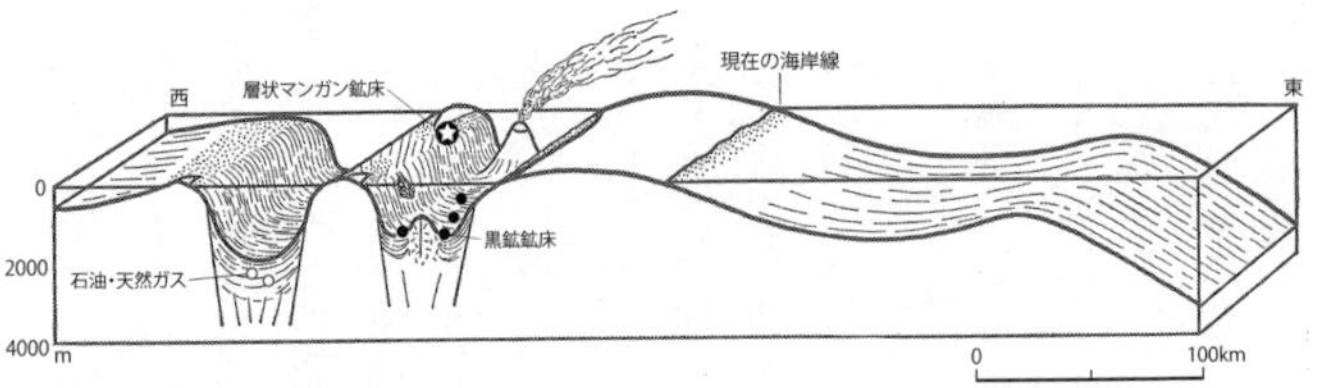

図２－６　日本海形成直後の東北日本（引用図）
現在、脊梁山脈があるところが、水深2000m級の深い海であったことに注目。

とに好みの棲息水深があるので、それをもとに過去、堆積物が溜まった水深（古水深）を復元できる。東の端には、現在と同様に北上山地が分布しているが、そこから西へ少し進むと様相が一変する。水深２０００ｍに迫る南北に延びる海があり、海底では活発な火山活動がみられる。さらに西に進み高まりを越えると再び南北に延びる深い海がある。こちらは海底火山がほとんどない静かな海だ。

　現在の様子と比較すると、一致しているのは北上山地のみ。中央の深い海は、東北日本の中央部を背骨のように走る奥羽山脈やその周辺の盆地に相当していることがわかる。当時深かった溝が現在は高い山脈になっているわけだ。この巨大な深みの埋め立てをおもに担ったのは、海底の火山から噴出した火山砕屑物《さいせつぶつ》や火山岩である。

　また西側の深い海は、現在の日本海に面した南北に連なる海岸平野の位置に相当している。この海を埋め立てたものは、先と同様の火山砕屑物や火山岩も含まれるが、基本的には周辺の岩石が砕かれてできた泥・砂・レキと、当時この周辺の海に大量発生した珪藻《けいそう》の殻である。

そのようなわけで、東北日本の中央部分付近には、火山から発泡しながら噴出した火山砕屑物が溜まってできた地層が多数分布している。見かけは、小さな孔《あな》が無数にあいていることが多い。この種の岩石は一般に脆く、ハンマーで叩いても、ボフッ、ボフッ、と鈍く景気の悪い音しかしない。一方、芭蕉は、そういう孔だらけで脆い岩石に囲まれた空間での音のくぐもりを鋭く捉え、「岩にしみ入る」という素人にもわかるかっこいい表現にまで到達してしまった。

メリハリがつく東北日本

アフリカで人類（ホモ属）が誕生する少し前のこと、300万年前に日本列島では異変が起こる。1000万年以上の長きにわたり、埋め立て作業が継続していた東北日本の状況が変化し、東西に圧縮される場となったのだ。フィリピン海プレートの移動方向が変化したことが影響し、太平洋プレートの沈み込みの場所が西へ移動しはじめたというのが、近年人気の説である（図2-7）。別な言い方をすれば、日本海溝が西へと移動を開始したのだ。

これにより、細長い海を埋め立てながら徐々に平らになってきた東北日本は変形しはじめ、断層のズレや地層・岩石が曲げられた褶曲《しゅうきょく》などを作りながら、メリハリがきき、凹凸のは

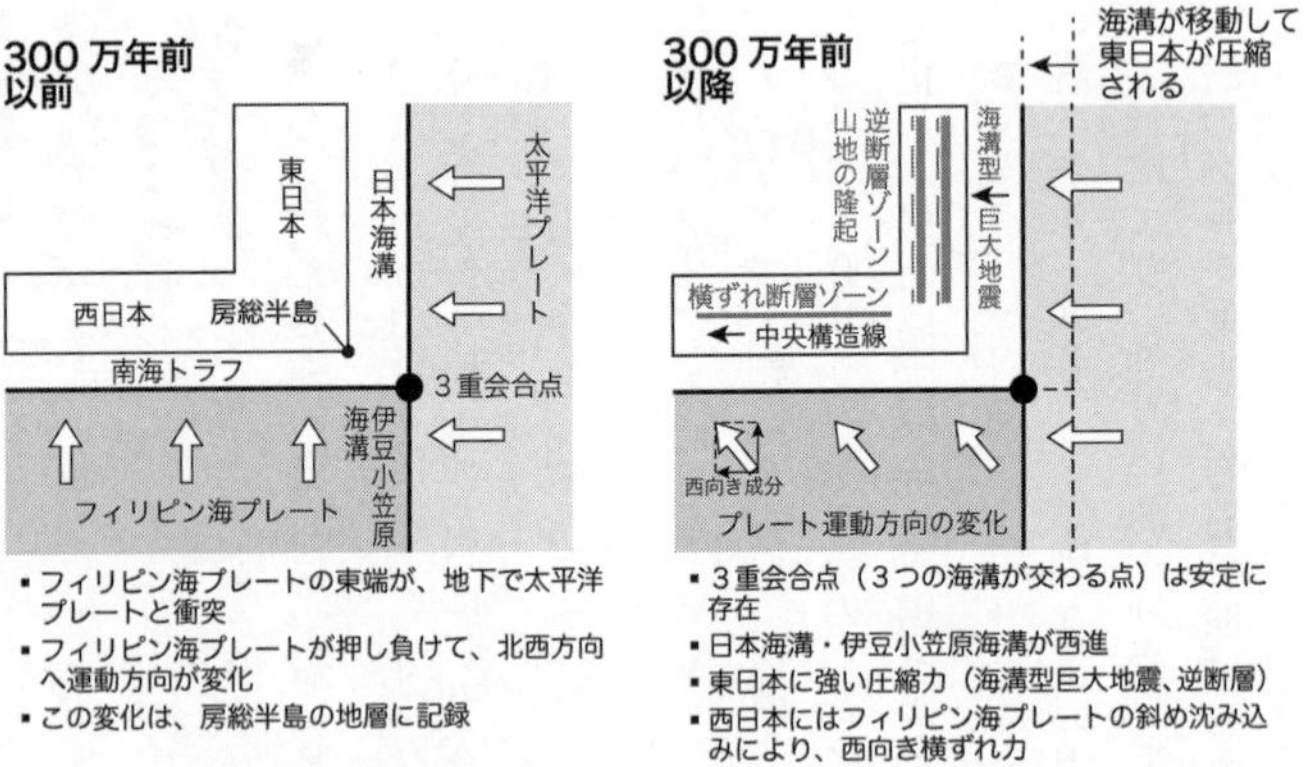
300万年前以前
東日本
西日本
房総半島
日本海溝
太平洋プレート
南海トラフ
3重会合点
伊豆小笠原海溝
フィリピン海プレート
300万年前以降
海溝が移動して東日本が圧縮される
逆断層ゾーン
山地の隆起
海溝型巨大地震
横ずれ断層ゾーン
中央構造線
西向き成分
プレート運動方向の変化
▪フィリピン海プレートの東端が、地下で太平洋プレートと衝突
▪フィリピン海プレートが押し負けて、北西方向へ運動方向が変化
▪この変化は、房総半島の地層に記録
▪3重会合点（3つの海溝が交わる点）は安定に存在
▪日本海溝・伊豆小笠原海溝が西進
▪東日本に強い圧縮力（海溝型巨大地震、逆断層）
▪西日本にはフィリピン海プレートの斜め沈み込みにより、西向き横ずれ力

図2－7　プレート運動方向の変化と日本列島にかかるストレス（引用図）

っきりした列島になっていく。具体的には、現在の位置に移動したあとに海を埋め立てた地層や岩石が、さらには日本列島が大陸から切り離され移動するあいだに形成された地層や岩石までもが一部せり上がり、高まりを作っていく。

やがてそれは高いところはより高く、低いところはより低く、という運動につながっていく（図2－8）。その高まりが現在の奥羽山脈や出羽山地だ。

一方、「出る杭は打たれる」の格言同様、高いところ（山脈）は雨風の影響が大きく、侵食が激しいので削られる速度も大きい。高くなることと削られることのせめぎ合いである。削られたものは、低くなっていくところに溜まっていく。盆地や海岸平野の起源である。こちらのほうは、低くなることと埋められることがせめ

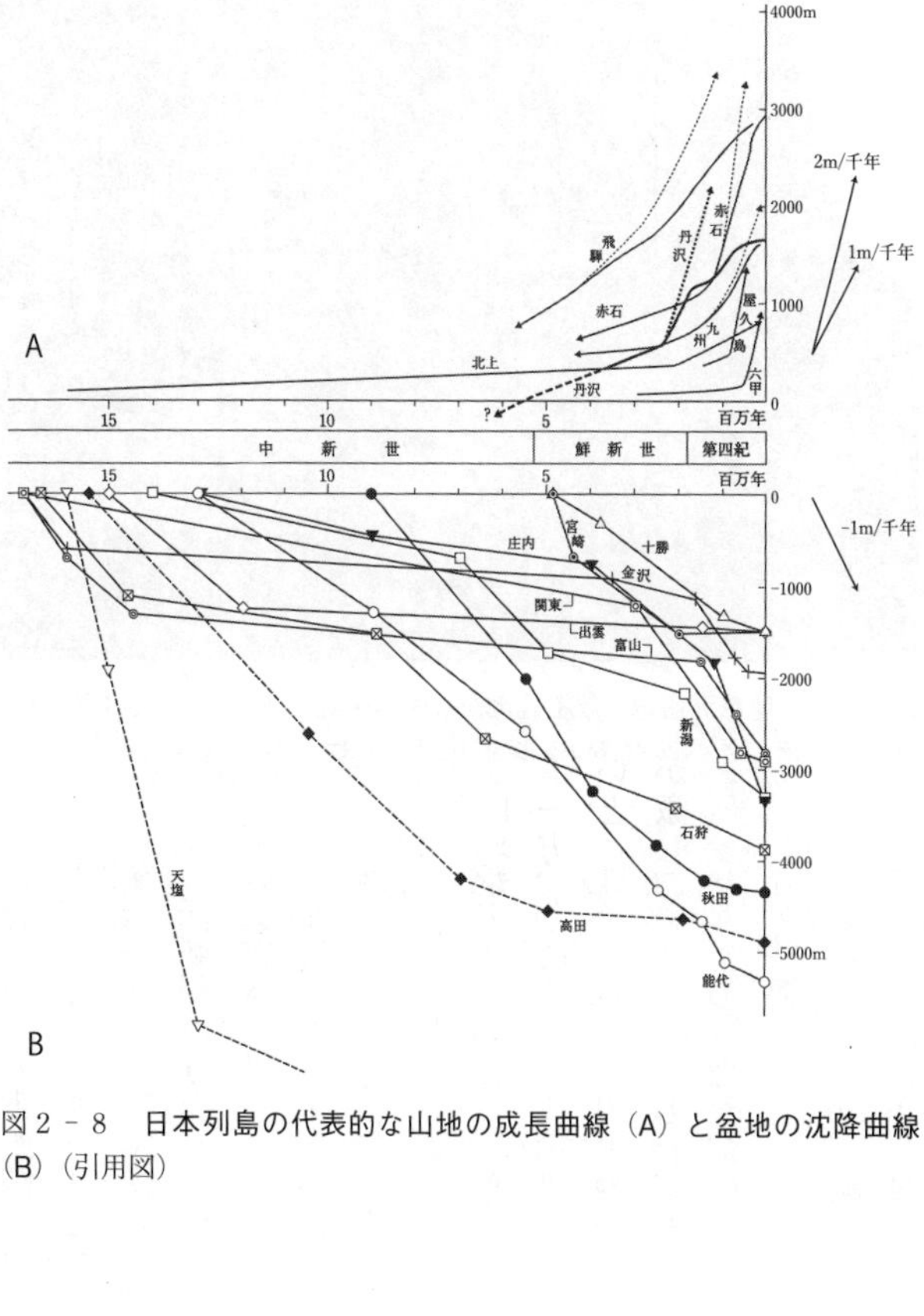

図2－8　日本列島の代表的な山地の成長曲線（A）と盆地の沈降曲線（B）（引用図）

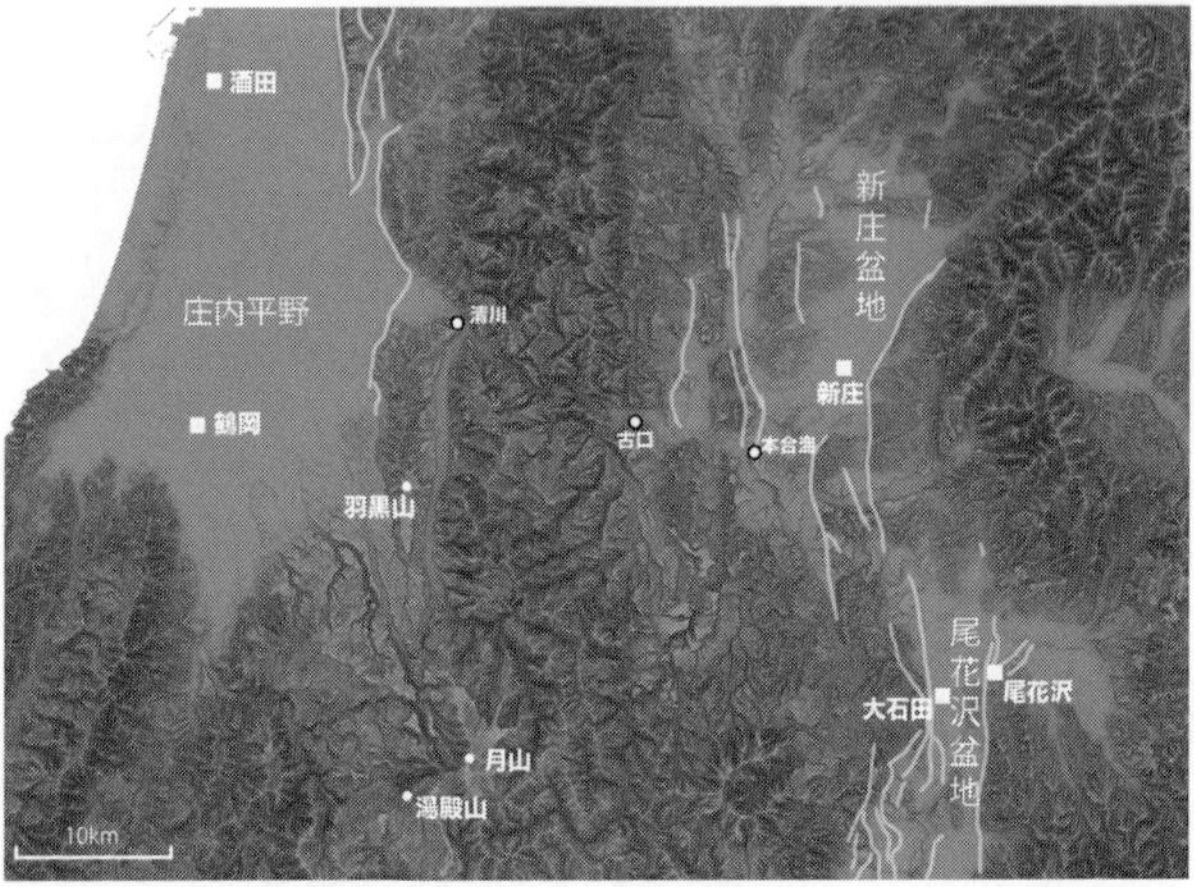

図2－9　**尾花沢盆地・新庄盆地から庄内平野にかけての活断層の分布**
（地質図Navi）この図で白線が活断層の位置を示す。

ぎ合う。この東西からの圧縮は現在も続き、列島にメリハリをつけようとする活動はいまだ健在である。盆地や平野の縁に活断層が分布しているのは、そのためだ（図2－9）。

　また、プレートの沈み込む場所と沈み込む角度の変化によって火山フロント（火山前線）が再配置される。現在の東北日本でいえば、奥羽山脈に位置する。そこでは、東から沈み込んだプレートの上面が深さ100kmに達し、沈み込んだプレートから放出された水に起因してマントルの一部が溶けマグマが生ずる（第3章参照）。

　このマグマが地表に達したものが火山であり、海溝から見て最初の活火山の列

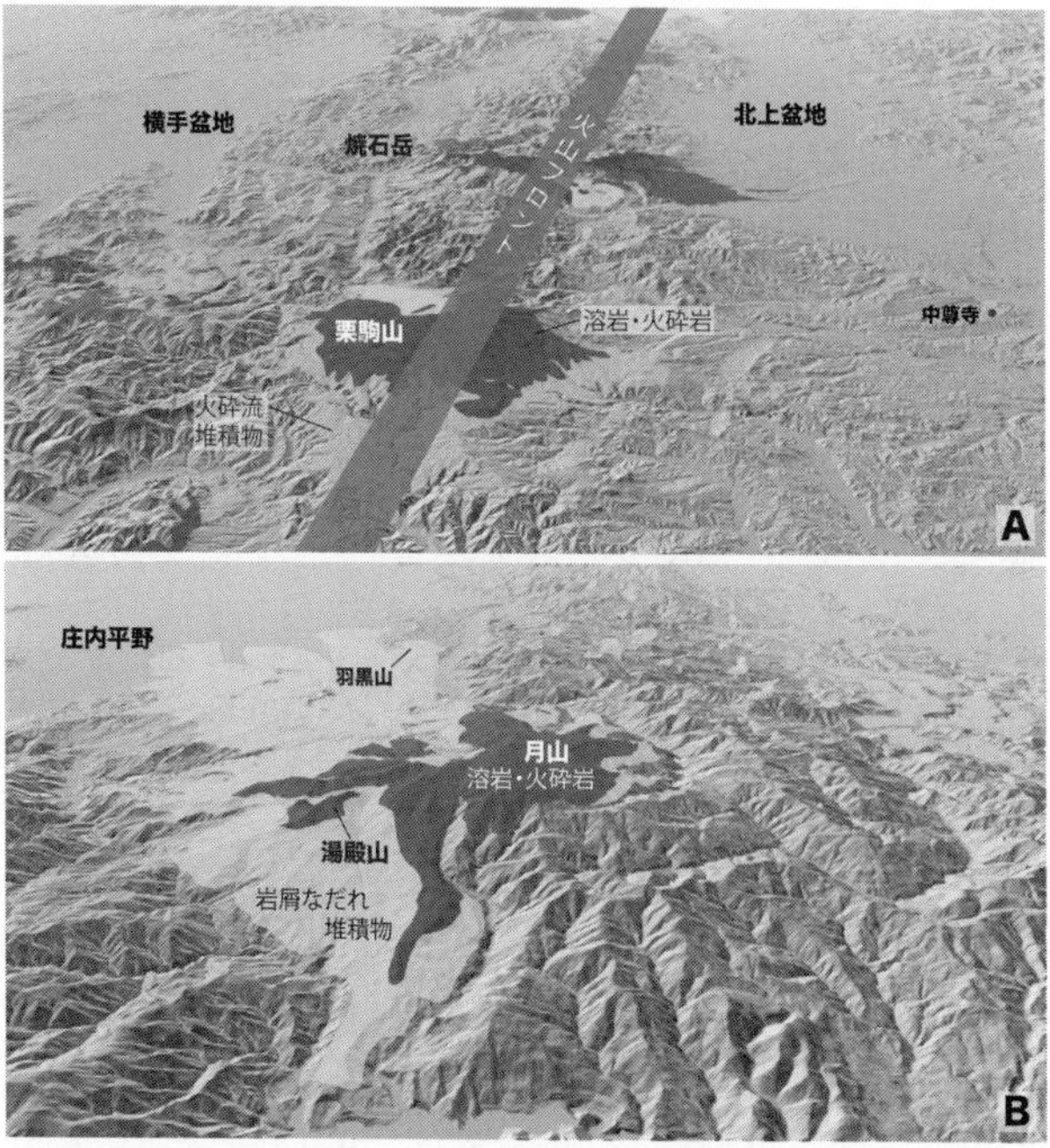

図2－10　東北日本に分布する第四紀火山（シームレス地質図V2）
第四紀の火山噴出物のみ表記。Aは脊梁山脈上の焼石岳と栗駒山、Bは出羽山地上の月山を示すが、いずれも構造的な高まりの上に形成された火山であることがわかる。

が火山フロントとなる。プレートは文字どおり板として沈み込んでいるので、深さ100㎞に到達した部分は、地上には連続した線として投影される。

結果、300万年前以降は、東西に圧縮され厚みを増した土台の上に活火山が列をなすことになった。図2-10Aでいえば濃く塗られた部分が噴出した溶岩だ。東北日本ではそれが南北に連なっていることがわかる。海抜0mから始まるといってよい富士山などと比べて、奥羽山脈上に並ぶ、岩手山、栗駒山、那須岳などの活火山が、かなり上げ底された火山といわれるのはそのせいである。

『おくのほそ道』の旅で、芭蕉は日本海側へ抜ける途中、当然、この火山フロントを横切らざるをえなかったわけだが、そのあたりの体験はあまり愉快なものではなかったようだ。彼は、寝床でノミやシラミに悩まされ、かつ耳元で馬の小便の大音量を聞かされた。

つぎの尾花沢で10日間滞在し完全にリフレッシュしたのち、当初予定していなかった山寺へと向かう。そこで先に紹介した多孔質の火山性の岩石に囲まれた空間での音のくぐもりを鋭敏に捉え、「閑《しずか》さや岩にしみ入る蟬の声」の句を得る。

さて、新庄盆地から日本海に面した庄内平野へ出るためには出羽山地を越えねばならない（図2-11）。現在はJR陸羽西線や国道47号線が通っているが、当時は川下りが唯一のルートだった（萩原恭男・杉田美登『おくのほそ道の旅』）。本合海《もとあいかい》で小鵜飼船に乗船した芭蕉は古《ふる》

図２－11　出羽山地を横切る最上川（地質図Navi）
元禄２年６月３日、芭蕉は小鵜飼船に乗って本合海より清川まで最上川を下った。珪質泥岩をうがって流れている様子がよくわかる。

口《くち》で船を乗り換え、新庄領を出る手続きをした。そこから本格的な出羽山地越えである。現在は、最上峡とも称され、紅葉の名所としても名高い。

ちょうど芭蕉と曽良が『おくのほそ道』の旅をした時代に作られたとされる『最上川川通絵図』（寛文８～寛保２年）には、芭蕉が乗船した区間に、出船瀬、滝とり瀬、外川の瀬、猿田瀬、成沢瀬など固有名詞が付けられた難所が記されている（小野寺淳『近世河川絵図の研究』）。この旅の初日、深川から小舟で出発した芭蕉であるが、ここ激流では「水みなぎつて舟あやうし」と翻弄され、その経験が「五月雨を集めて早し最上川」を生んだ。

最上川は、すでに約５００万年前には、現在とほぼ同じところを流れていたらしい（図

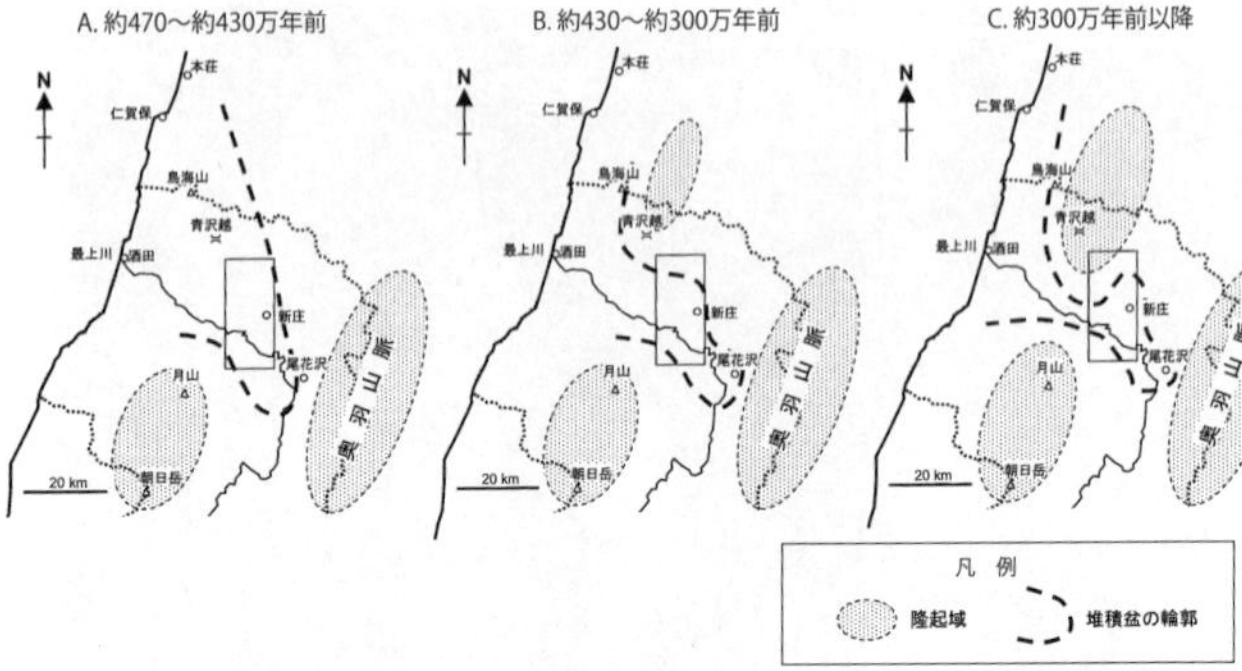

図2－12　**出羽山地の隆起史**（引用図）
約500万年前以降、徐々に出羽山地が隆起し、それにともない堆積盆も狭まってきたことがわかる。

2－12A）。ただその当時はまだ出羽山地はきわだっておらず緩やかな地形が広がっていたようだ。最上川もさほど「集めて早し」ではなかったろう。その後、メリハリがつく変動のあおりを受け、出羽山地の隆起と最上川による侵食のせめぎ合いの結果として谷は深くなり（図2－12B、2－12C）誕生したのが、芭蕉も下った最上峡である。ちょうどこの切り立った崖が両岸に連なる部分は、珪藻をたっぷりと含んだ珪質泥岩からなる（図2－11）。海を埋め立てた地層が、約300万年前に始まった東北日本の東西圧縮のため隆起し、現在の景観を作ったことになる。

再び7000年間の僥倖

作家の嵐山光三郎は、『おくのほそ道』の旅の最大の目的地は出羽三山であったと結論づけている（『芭蕉紀行』）。しかし、出羽三山の一つ月山（図2－9、2－10B）の山頂を極め、これまでの人生での最高到達点に達したあと（嵐山光三郎『芭蕉という修羅』）、つぎに訪れた象潟《きさかた》（秋田）でも芭蕉は大いに楽しんでいる。

先に「芭蕉もわれわれも同じような岩石・地層がかたちづくる景観のなかで暮らしていた」と書いたが、この象潟では少々事情が異なる。芭蕉が訪れた当時の象潟は、海とつながる潟湖《せきこ》に「九十九島」と呼ばれる無数の小さな島々が配置された景観が広がっていた。『おくのほそ道』で、象潟が松島と対をなして表現されるゆえんである。芭蕉が訪れてから約100年後、象潟地震により隆起し、現在「九十九島」は水田に浮かぶ高まりとなっている（図2－13A）。

その象潟を出たあとの芭蕉の足は速い。穎原退蔵・尾形仂による『おくのほそ道』の本文評釈でも「象潟のピークを過ぎて、紀行の本文はにわかに終わりへ向けて筆を急ぐ〝草《そう》〟の気配を帯びてくる」とまとめられている。日本海側の平野が平らで歩きやすかったのか、と思い、一日あたりの移動距離をみてみたら、そういうわけではない（図2－14）。この旅を通してほとんど同じようなペースで歩いていることがわかる。急いでいるように感じるのは、『おくのほそ道』の記述の印象からだろう。旅の前半では一日ずつ丹念な記述がなされていたことと対照的に、越後路の項では「この間九日」とざっくりとまとめた表現も出てくる。

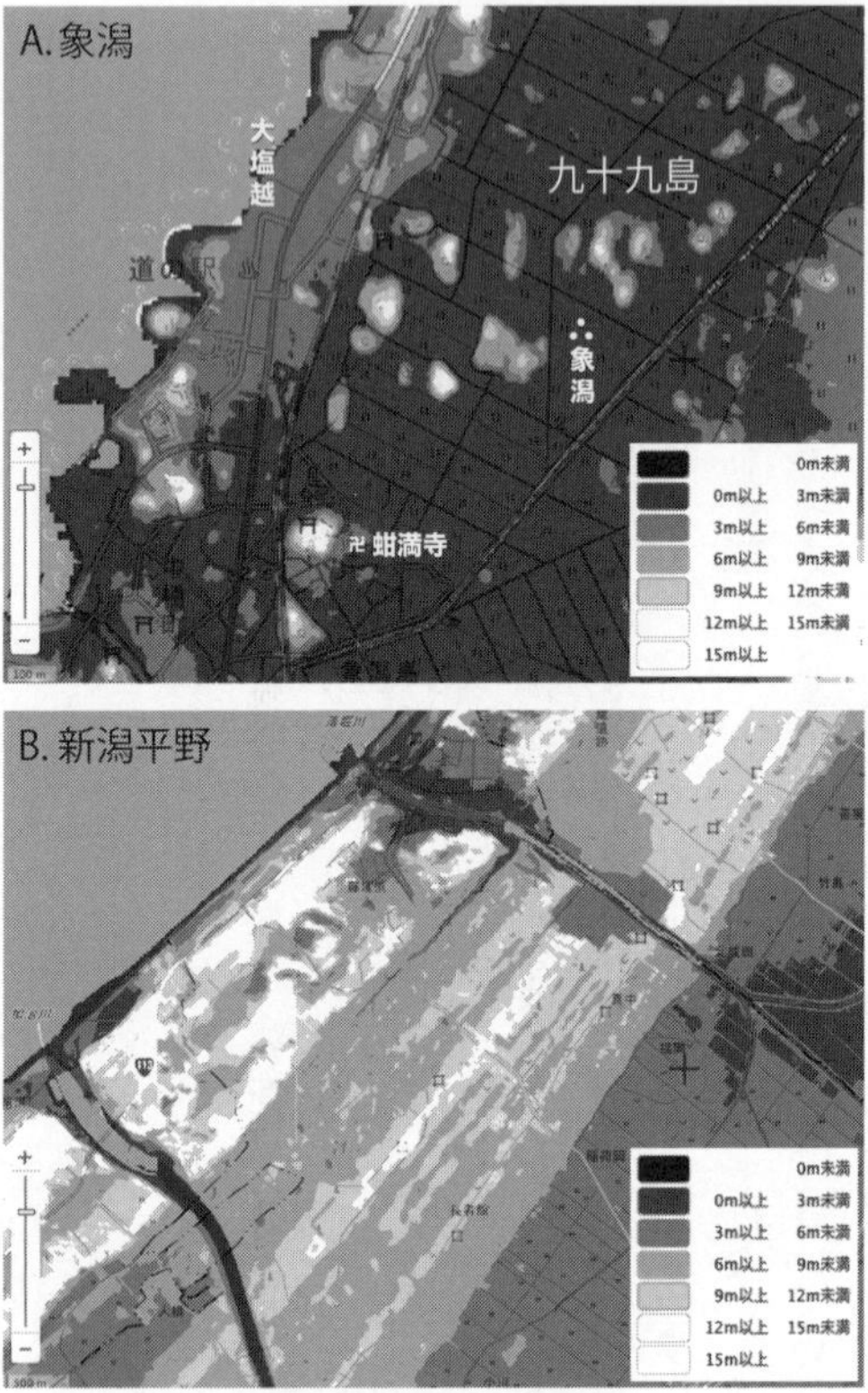

図2－13　日本海側に発達する海岸平野（地理院地図）

Aは秋田県の象潟。芭蕉が訪れたときは、過去の鳥海山の山体崩壊によって生じた無数の流れ山が「古象潟湖」から顔をのぞかせ「九十九島」といわれる無数の小さな島を作っていた。現在は隆起して古象潟湖は水田になっているが、地理院地図の「自分で作る色別標高図」を活用することで当時の姿を忍ぶことができる。Bは新潟平野に発達する砂丘列。

さて、越後路以降、芭蕉はどのような土地を歩いたのだろうか。一般に、海水面より上の土地は削られる侵食の場となり、海水面より下の土地はものが溜まる堆積の場となる。海水面が一つの基準となるわけだ。第1章で述べたように、過去７０００年間はほとんど海水準が変化しなかった特異な時代である。基準面が長期間動かず固定されていたのだ。

その結果、基準面付近の土地がどんどん拡大されていく。たとえば、芭蕉がこの旅で歩いた日本海側に発達した海岸平野で最大の広さを有する新潟平野も、固定された海水面を基準に、信濃川などが運び出す土砂で徐々に埋め立てられたものだ（図２－15）。それに続く富山平野は、北アルプスからの土砂の供給量は膨大であるが、富山湾が深く急傾斜であるため広い平野は発達せず扇状地がそのまま海に没している。

芭蕉は、不思議とこれら新潟平野や富山平野ではあまり心が揺さぶられていないように見える。新潟平野に発達する規則正しく列をなす砂丘列（図２－13Ｂ）の句や、富山の扇状地と山脈の大パノラマにまつわる句は残していない。視点は大地ではなく、月、彦星と織姫、天の川など宇宙を向いている気がする。それもこれも羽黒山や月山であまりにも荘厳な月を見てしまったからだろうか。さらに歩みを西へ進めるほどにテーマは空間から時間へと変化し、季節の移ろい、秋の色が濃くなっていく。

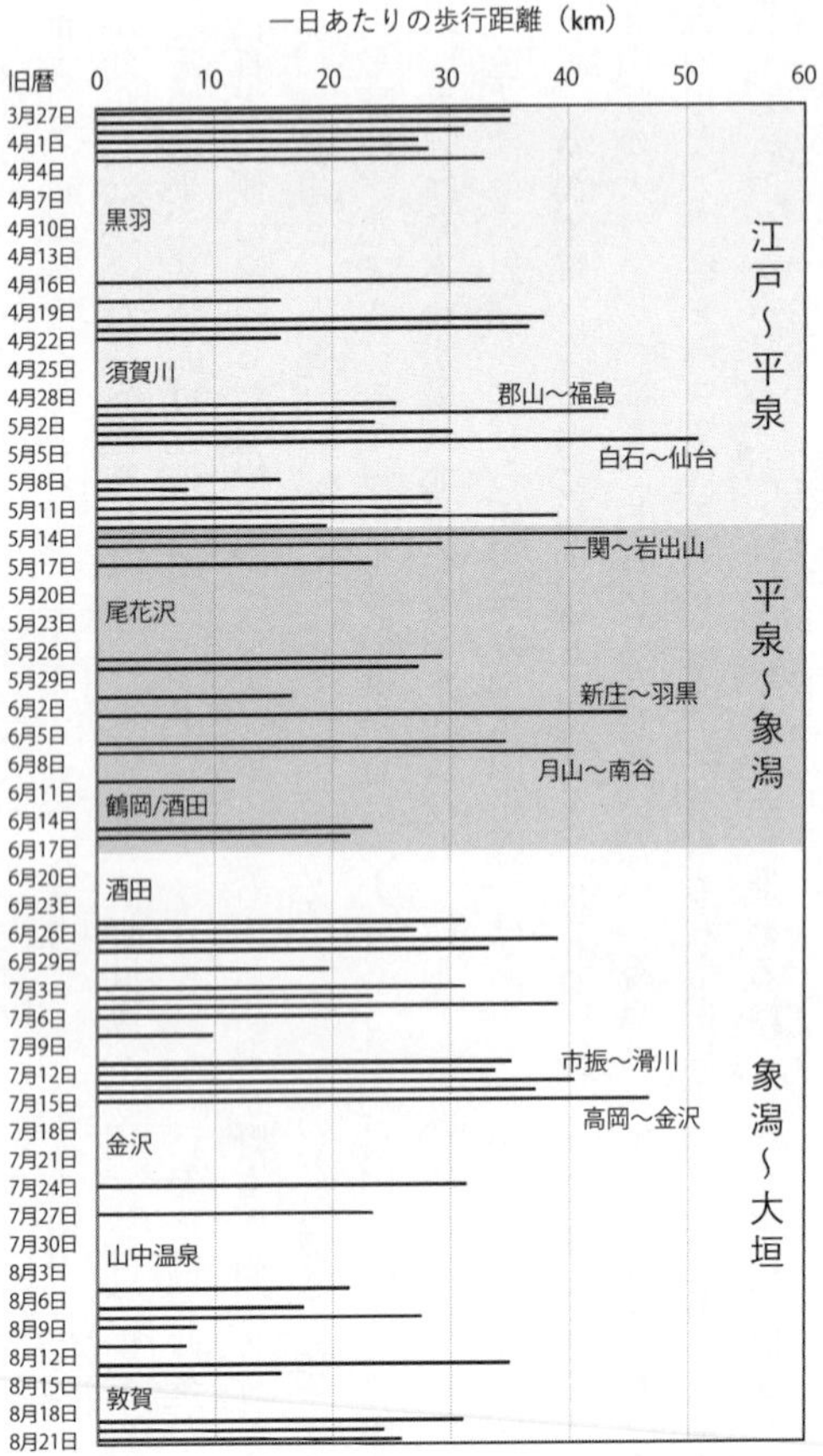

図２－14 『おくのほそ道』を旅した芭蕉の一日あたりの歩行距離（データ引用）

便宜的に逗留中の歩行距離は０としている。また、四泊以上の逗留地の地名、一日あたりの歩行距離が40kmを超えた日には移動区間名を記した。

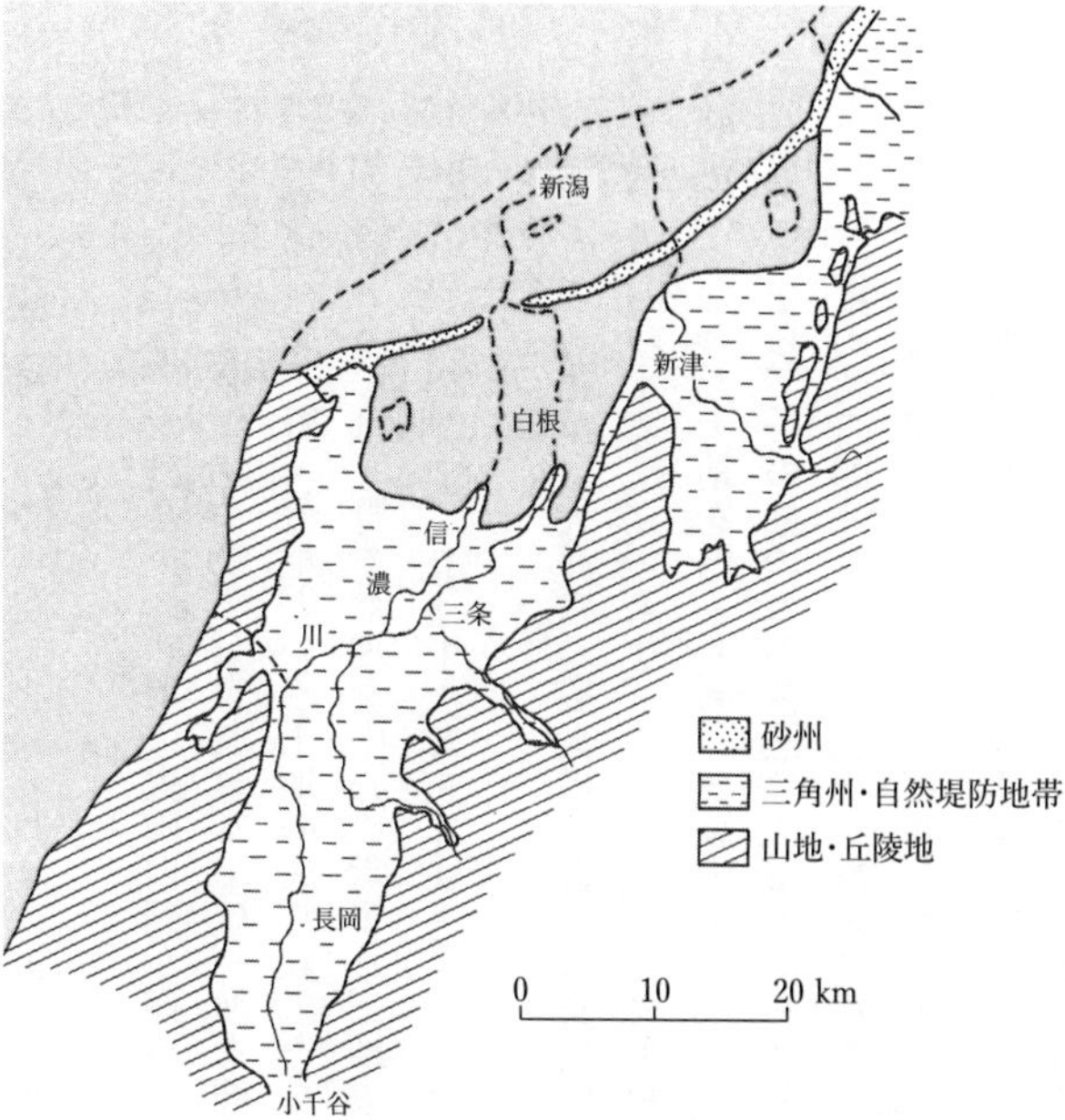

図2－15　約6000年前の新潟平野（引用図）
信濃川が運んできた大量の土砂により南から北へ平野が作られていった。

まとめ

本章では、日本列島、とくに東北日本がユーラシア大陸から離れ、現在の位置に到達してからの「大土木工事」の様子を描いた。その様子はまさに「日本列島改造」と称するにふさわしい。

大陸から切り離され、現在の位置で水没しかけていた東北日本。海底火山の噴出物、泥・砂・レキなどの砕屑物、また海のプランクトンの力も借りて徐々に海を埋め立てていった。やがて、東西の圧縮が強くなり、高いところはより高く、低いところはより低くなり、凹凸がつきだした。

そして、厚くなった列島上に新たに火山の列が作られ、海沿いには海岸平野が発達していく。そのような履歴を持つため、東北日本では、海を埋め立てた岩石・地層、またそれら土台の上に発達する平野・盆地という土地の成り立ちをもつ場所が多くを占める。

人間の活動の多くは平野や盆地を中心に営まれ、結果として道もそれらをつなぐように発達していく。芭蕉が訪れ、宿とした場所もどうしてもそのような場所が多くなる（図2－5、2－14）。

つまるところ、芭蕉は大海原の船上の人となる必要はなく、平野から旅立ち、台地の上を踏みしめ、山間《さんかん》の盆地に立ち入り、時々、新しい火山を極めつつ、基本的には1500万年前以降に陸となった大地を踏みしめ、美濃大垣で『おくのほそ道』の旅を終えた。

そしてどうやら、この旅ののち芭蕉はなんだかんだと理由をつけ、江戸へ行きたがらなかったらしい。嵐山光三郎は「大津は芭蕉が最後にたどりついた心おきなくおちつく地であった」と書いている（『芭蕉紀行』）。江戸に残した弟子たちの求めに抗しきれず、一旦江戸へ出向くが、2年も経たずにまた関西へと舞い戻った。体調がすぐれないなか芭蕉は、伊賀上野、大津、京都などに身を置く。いずれも日本列島が大陸の一部だったころに作られた岩石が周りを取り囲む土地である。

読書感想文という宿題が出されていた自身の夏休みを思い起こされると、共感いただけると信ずるが、「薄い本」というのはそれだけで価値がある。芭蕉の『おくのほそ道』も、その短さは「文庫本に換算すると50ページたらず」（ドナルド・キーン「芭蕉における即興と改作」）と形容され、ゆっくりと朗読をしたとしても1時間ほどだ。

芭蕉は、その短い作品の推敲に最晩年の5年間を捧げ、磨きに磨きをかける。それは芭蕉にとって苦しくも楽しい営みのように思えるのだが、その作業の多くを、大陸的な岩石が織りなす景観のなかで行っていたわけだ。彼が心の底から落ちつけるのは、実は大陸的な岩石がかたちづくる景観と、そこで生きる人々・文化に抱かれているときだったのだろう。

第3章　火山の列島──お国柄を決めるもう一つの水

1　もう一つの水

『方丈記』に描かれなかった水

名作、古典といわれる作品には、最初の一文が印象的なものが多い。『方丈記』もその一つで、「行く川の流れは絶えずして、しかも、もとの水にあらず」(武田友宏編『方丈記』)の一文は、自然科学を専門とする多くの研究者をも惹きつけてきた。

しかしそもそもなぜ川の流れは絶えず、もとの水ではないのかというと、水が豊富だから。日本の年平均降水量は世界平均よりも多い。そして、降水が特定の時期だけに集中せず、雨量が少ない季節でもいくばくかの雨が降り、かつ保水力のある森があり、傾斜もある。ゆえに、目の前の水が流れてしまっても後から後から続くのだ。もし鴨長明が、乾季は川が涸《か》れ

図3－1　**日本列島を代表する火山・富士山**（引用図）
八ヶ岳からの眺め。

てしまうような土地で『方丈記』を書かざるをえなかったとしたら、まったく別の書き出しで、時の移ろい、不変に見えつつも物質は刻々と入れ替わるさまを表現せねばならなかったろう。

このように豊富で、暖かい季節に多量にもたらされる雨水は、日本列島を緑豊かな景観に保ち、まさに列島の大きな特徴を支える背景となっている。

しかし、本章ではあえて別の水を扱ってみたい。実はこのもう一つの水は、あまり目立たずひっそりとした存在であり、古典の書き出しにも採用されていない。だが、この水こそが、火山列島と称される日本列島の性格を決定づけてきた（図3－1）。

2　水を客観視する

水のしるし——安定同位体比

利き酒ならぬ「利き水」ができる人がいるらしい。筆者はまったく自信がないが、そこで判断材料とするのは、水の香りや味と想像する。すなわち、水に溶けている化合物やミネラル分の質と量だろう。要するに、H_2Oそのものの違いではなく、無数のH_2O中に溶けている化合物やイオンを敏感に感じとっているわけだ。でも実際は、利き水の達人たちが注意を払わないH_2Oそのものにも、しっかりと「しるし」がついている。

はなしが突然お勉強的になって恐縮だが、水分子（H_2O）は水素と酸素からなり、それぞれ安定同位体が存在している。天然では質量数1の水素（^1H）がほとんどを占めるが、質量数2の水素（^2HもしくはDと表記）もわずかに存在している。酸素も通常は、質量数16（^{16}O）であるが18の酸素（^{18}O）もわずかにある。

したがって水という分子で考えると、地球表層のほとんどすべての水が$^1H_2{}^{16}O$であるが、ごくまれに、$^1HD^{16}O$や$^1H_2{}^{18}O$などという組み合わせも存在することになる。H_2O分を足し算をすると、通常の水（$^{1}H_2{}^{16}O$）は、分子量が１＋１＋16＝18である。質量数18の重い酸素からなる水（$^{1}H_2{}^{18}O$）では、１＋１＋18＝20だ。両者を比較すると、後者が11％も重くなっていることがわかる。人間、突如として体重が11％増えるとどうなるだろう。体重50kgの人が6kgの荷を背負い丸一日行動することを想像してみるとよい。座った状態から立ち上がるのがおっくうになる。歩いていてタクシーを見つけたらすぐ拾いたくなる。

水も一緒である。重い水は蒸発したがらない。重い腰をあげて蒸発し水蒸気になっていたとしても、すぐ凝結して液体の水になりたがる。地球表層の水は蒸発や凝結を繰り返しつつ循環しているので、たえず自らの重さ、体重ならぬ「水重」の影響を受けている。

世界中の水を一枚の図で表現する

地球表層の水を、今述べた酸素と水素の同位体組成によって整理すると図３－２のようになる。これは１９６１年出版の古典的な論文中の図である。これにより、様々な場所からの雨水や雪、そして「かつて雨水だった」河川水、湖水などの分析値をプロットすると見事な一直線に載ってしまうことが示された。その由来ゆえ、この直線は天水《てんすい》線という名称で呼ばれている。

この図は、標準平均海水（ＳＭＯＷ）を基準として、それからのズレを千分率で表現した

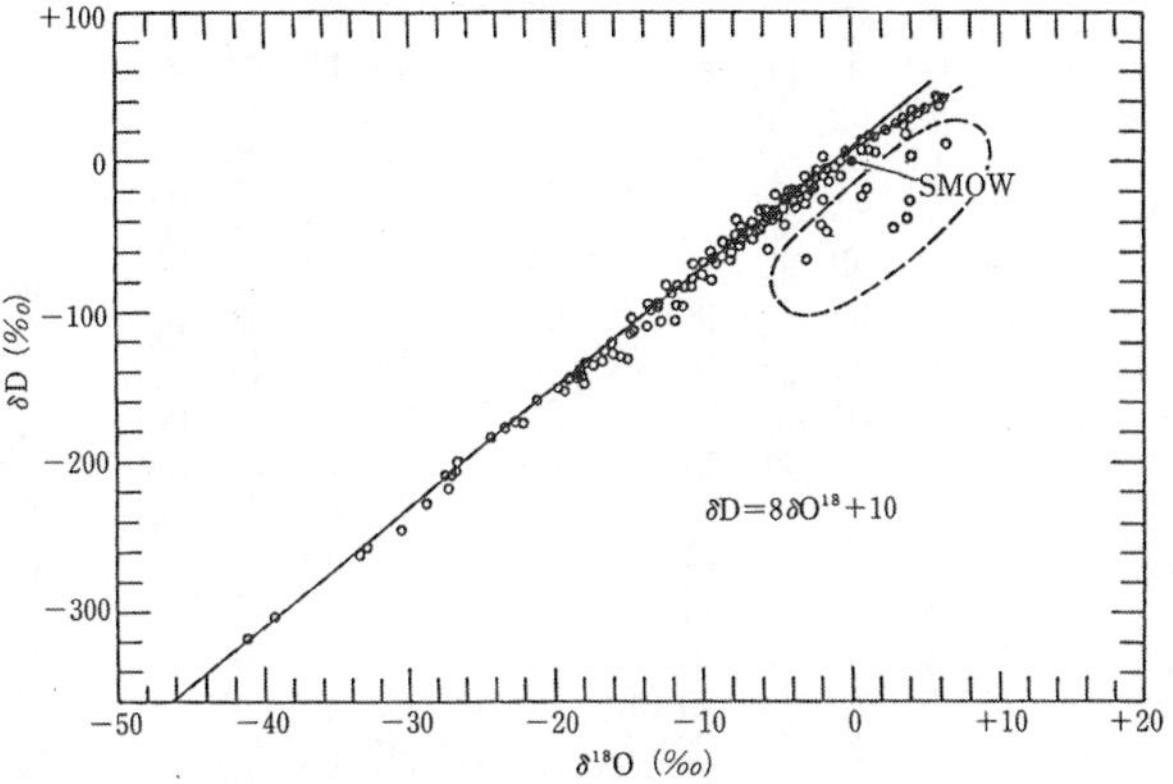

図3－2　世界各地の河川水、湖水、雨水、雪、海水の酸素・水素同位体組成（引用図）

ものである。実際、海水は極端な状況下にあるもの（たとえば氷床が溶けた水が流れ込む海域、極端に乾燥している海域など）を除き、かなり均質な値をもっている。

一方、地球表層の水のうち海水以外の水は3％に満たないが、それは実にバラエティに富む水素と酸素の同位体からなる。ただ、その組成は、図全体で見るとバラバラと分布することなく、基本的には一つの線上に分布しているわけだ。鴨長明が日野の草庵から西に拝んでいた宇治川の流れもこの天水線上にプロットされる。この図一つで地球表層の様々な水を表現できるのだ。

3　温泉のお湯はどこから来るのか？

天からの水・地の底の水

河合曽良の旅日記に基づくと、『おくのほそ道』の旅の期間中、松尾芭蕉は温泉を除けば三度しか風呂に入っていないらしい（萩原恭男・杉田美登『おくのほそ道の旅』）。約5ヵ月間の旅である。単純に現在の生活様式や衛生観に照らすとびっくりしてしまう。もちろん、宿に着いてから足を洗い、口をすすぎ、井戸端で身体を拭ったであろう。元禄時代、風呂は現在のような湯船ではなく、まだ蒸し風呂が一般的であった。

それでも、石炭・石油などの化石燃料を利用していない時代、薪《まき》がいかに貴重品だったかがわかる。17世紀中盤には日本の森林は疲弊し、四老中連名の「諸国山川掟」により森林の乱開発が禁じられ植林が推奨されるほどだった（太田猛彦『森林飽和』）。しかし、地面から勝手に湯が湧いて出てくる温泉ならば心おきなく浸かれた。芭蕉は、この旅の終盤、加賀の山中温泉で8泊して、湯を満喫し長旅の疲れを癒やしている。

ここで、一般的な温泉のでき方を考えてみたい。図3－3は温泉のでき方を示した模式図である。温泉水の水そのものの起源に着目すると、もともとは空から降ってきた雨水であることがわかる。雨水が大地の割れ目を通して地下深部に染み込んでいき、貯留層に貯えられ

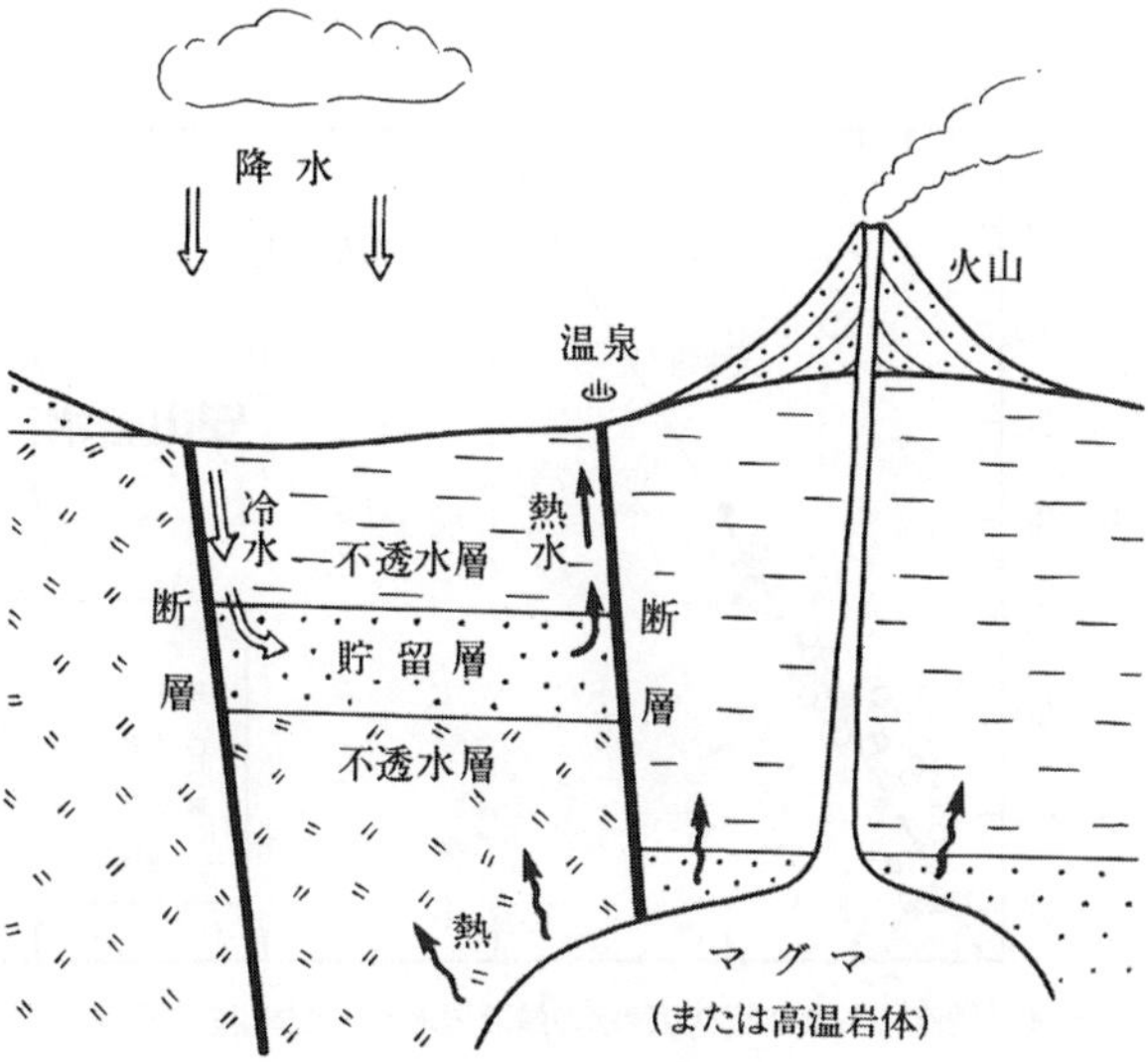

図３－３　一般的な温泉のでき方（引用図）

る。そこで、マグマ溜まりもしくは高温の岩体によって温められ、地上に戻ってきたのが温泉なのだ。

そのため、温泉水も「かつて雨水だった水」なので、先に示した酸素・水素同位体組成図では天水線上にプロットされる。たとえば、地獄めぐりで有名な別府の湯も、天水線に載っている（図３－４）。残念ながらというべきか、ほとんどの温泉を構成する水はもともとは雨水なのだ。もちろん、それが地中に染み込んでいき、温められる際に、いろいろな溶存成分を取り込んで戻ってくるため、様々な種類の温泉ができあがる。

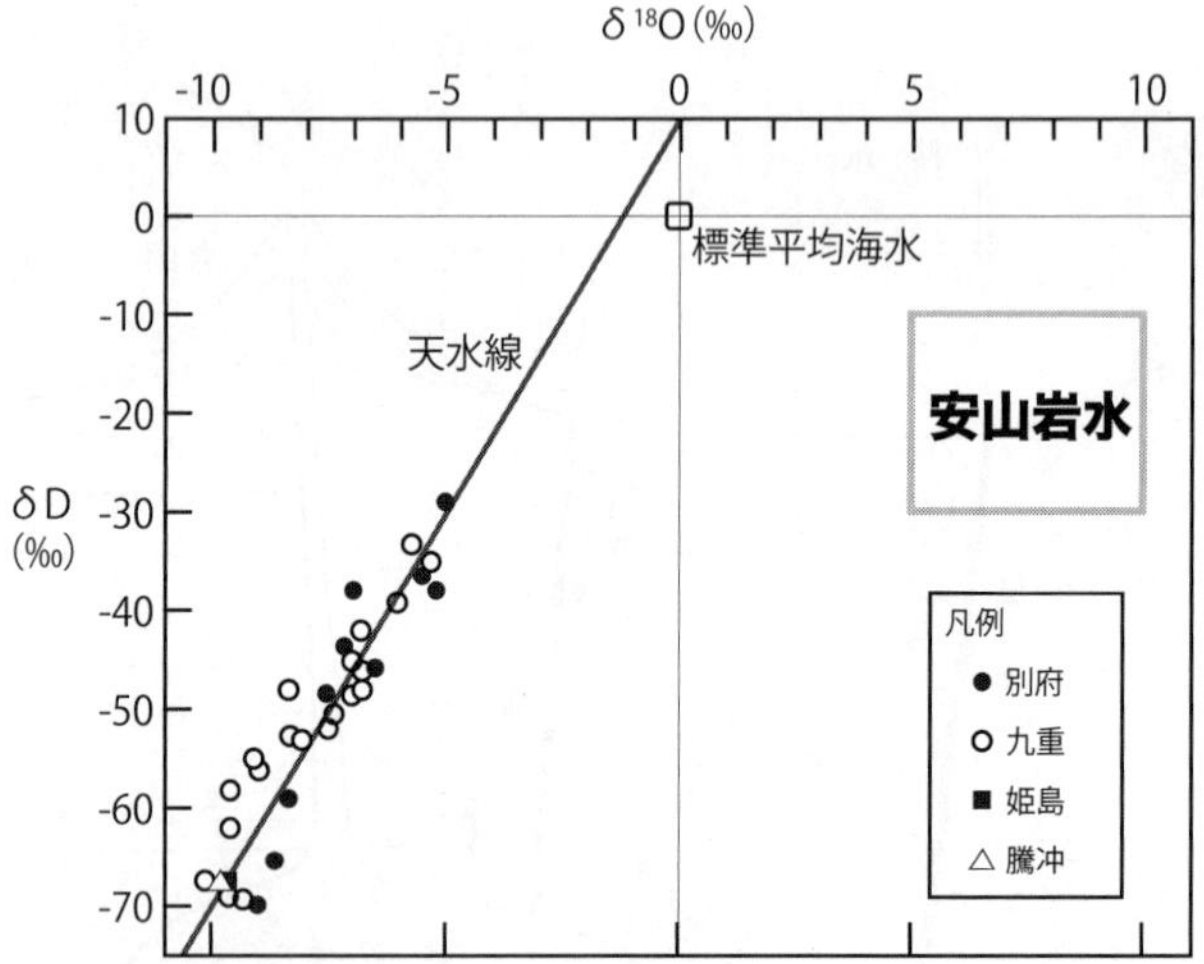

図３－４　別府・九重などの温泉水の酸素・水素同位体組成（引用図）

しかし、別な湯もある。有馬の湯は、江戸時代には温泉番付最高位であり、日本列島でもっとも有名な温泉の一つであるが、その成り立ちの科学的な解明は容易ではなかった。塩濃度が高く、海水との関連が想起されてしまうが、先の酸素・水素同位体の目で眺めるとまったく別の景色が見えてくる。

ほとんどの試料が天水線から大きく右側に外れて、有馬の湯をかたちづくる水は、通常の地球表層の水ではないことがわかる（図３－５）。もし割れ目から海水が地下に入り込み温められたものであるならば、天水線上のどこかと海水をつなぐ直線上にプロットされることになるが、それともまったく異なる。有馬の湯

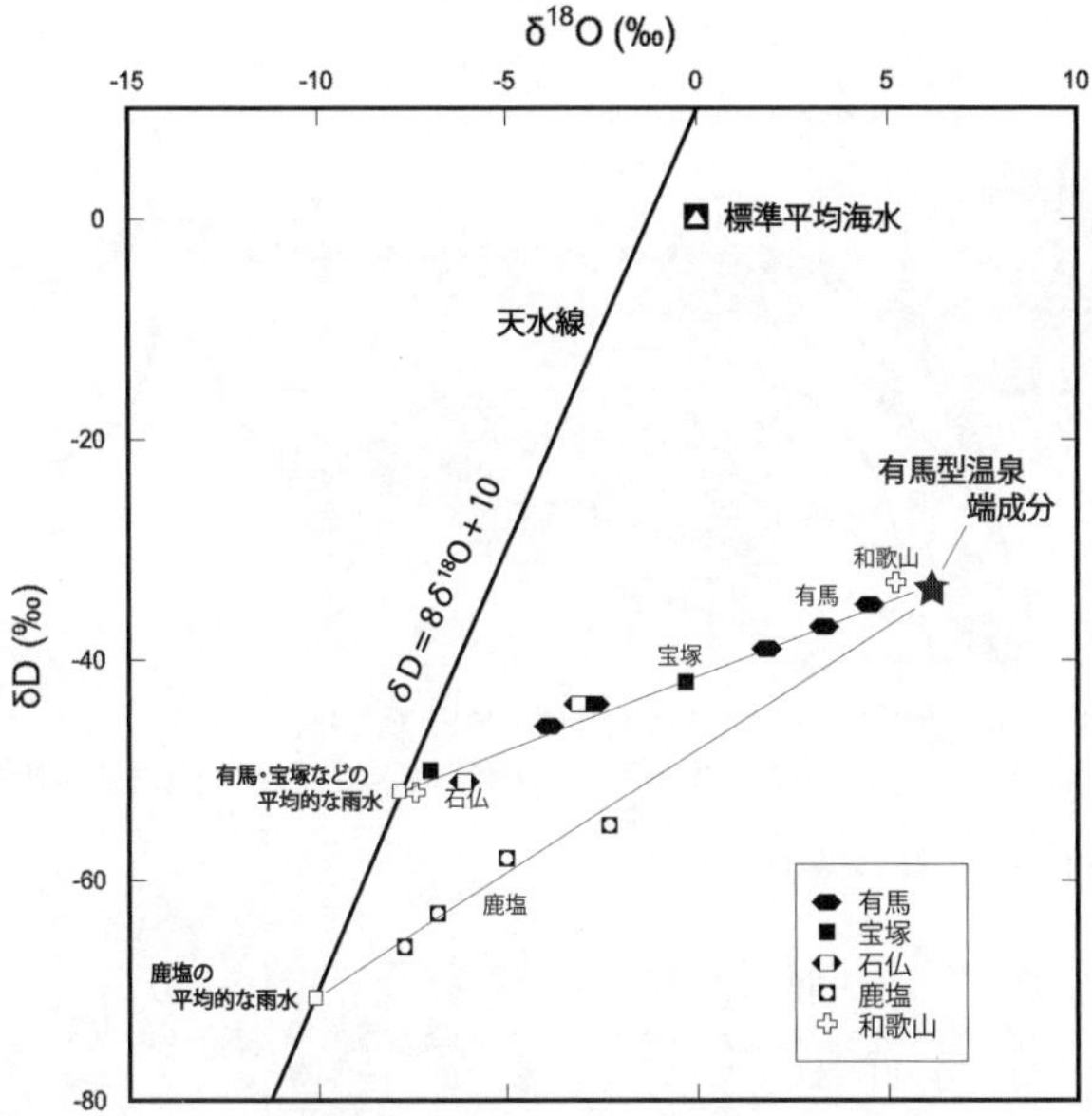

図３－５　**有馬温泉の酸素・水素同位体組成**（データ引用）
有馬型温泉の酸素・水素同位体組成は、有馬型温泉の端成分とそれぞれの場所の雨水の混合線に載ることがわかる。

は「雨水や海水の温め直し」ではなくて、まったく異なる起源をもっているらしい。さて、その水はどこから来たのだろうか？

プレートの一生と水

実は本章で「もう一つの水」と呼んできたものはプレートと関連している。

プレートは海嶺《かいれい》で作られ、海底を移動し、海溝に沈み込むまでに、様々な場面で水を取り込んで

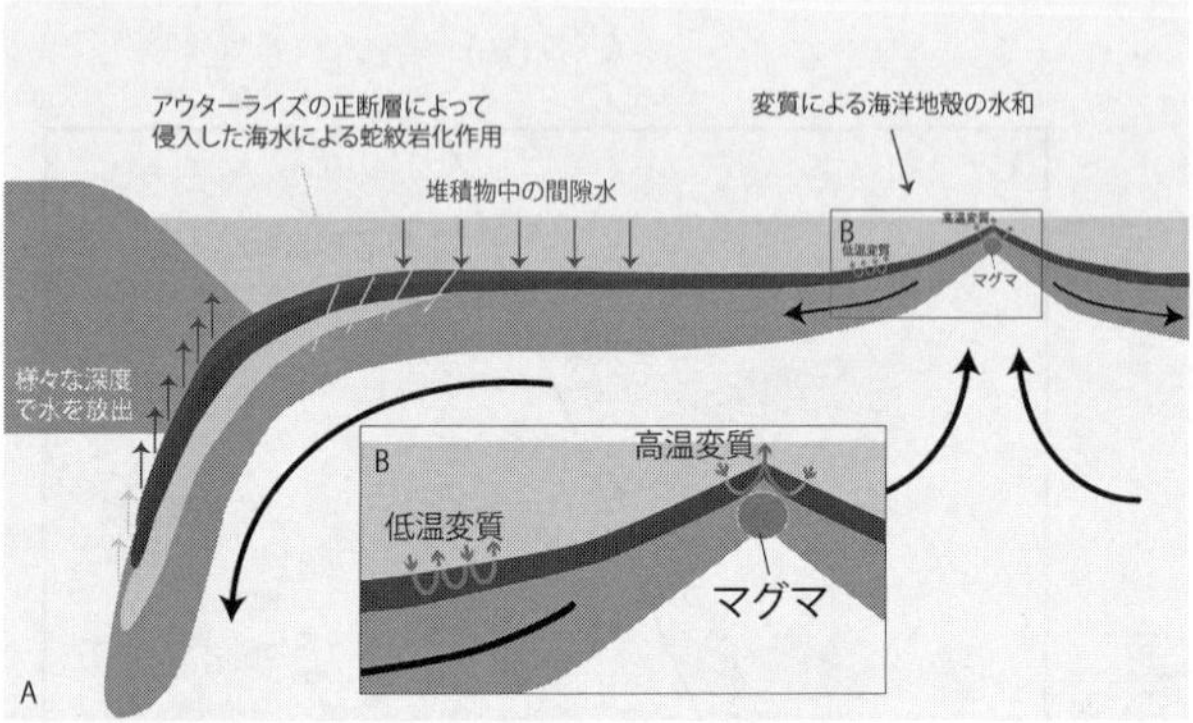

図３－６　**海洋プレートへの水の浸透・放出**（引用図）
Aは海洋プレートの全体像、Bは海嶺付近から深海底にかけて拡大したもの。海嶺付近では高温の熱水変質が、また海嶺から離れた深海底では低温の変質が起こり、海水の一部が海洋地殻に取り込まれる。

いる（図３－６Ａ・Ｂ）。細分すると以下の三つがある。たとえば、プレートができたばかりのころ、海嶺付近の熱水変質で水が取り込まれている（図３－６Ｂ）。熱水変質とは、海嶺の直下で起こっている海水と岩石の反応だ。熱源は、マグマ溜まりである。この熱水変質の過程で海水を作っていた水（H_2O）の一部が水酸基（OH）となって鉱物中に取り込まれる。また、プレートの拡大軸にあたる海嶺軸からやや離れた海洋底では低温型の変質も起こる。ここでは、これら変質でプレートに取り込まれた水をまとめて海洋底変質起源の水と呼ぼう。

もっと単純なものもある。プレートが海洋底を移動するあいだ中、徐々に堆積物を溜めていくが、そのなかにはたっぷりと海水が含

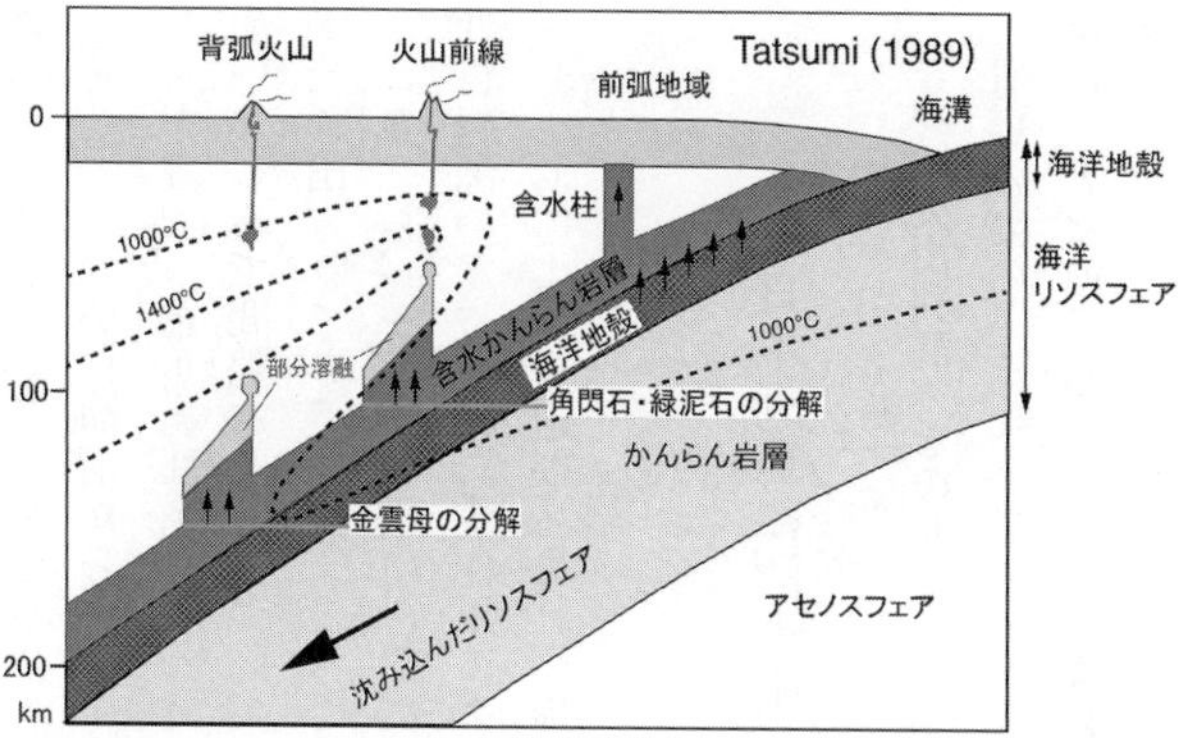

図３－７　**地下深部で放出された水によりマグマが作られる**（引用図）
温度が1000℃以下の低温部（図中の「前弧地域」）で放出された水は、マグマを作らず有馬型温泉のもととなる。

まれている（図３－６Ａ）。これは間隙水《かんげきすい》と呼ばれる水だが、この水はイメージがしやすいかもしれない。

そして最後、蛇紋岩《じゃもんがん》化作用による水。海嶺でプレートが作られてから何百万年〜何千万年、場合によっては、１億年以上経過したのち海溝で沈み込むという段になって、プレートは曲げられる。融通が利かない固い岩石の板を無理に曲げるので亀裂が入る。その割れ目から海水が深部まで浸透・反応し、マントル上部の岩石がOHを含んだ岩石（蛇紋岩）へと変質されてしまう（図３－６Ａ）。

このように、種々のからくりでプレートに水が取り込まれる。また、プレートに取り込まれた水の存在形態も、H_2Oという単位を保っているもの、分解・反応しOHというかたちで鉱物に取り込まれているものと様々である。

そして、ついに海溝からプレートが沈み込んでいくと、その深さに応じて圧力が上がっていく。また、温度も上昇する。その過程で、様々なかたちで取り込まれていた水が、深度の浅いところで間隙水が、つづいて深いところで海洋底変質起源の水や蛇紋岩化作用による水が吐き出されていく（図3－6、3－7）。

このうち、一度、鉱物の一部に水酸基として取り込まれ吐き出された水、すなわち海洋底変質起源の水や蛇紋岩化作用による水はもはや天水線には載らない。有馬の湯は、沈み込むプレートによって運び込まれ、地の底で放出された水なのだ。

4　日本列島に活火山が存在する背景

なぜ「火山列島」なのか

有馬の湯のように、プレートとともに沈み込んだ水が放出され、温泉水の一部になるだけなら、大歓迎である。しかし残念なことに、プレートとともに沈み込んだ水の影響はそれに留まらない。むしろ、温泉水となること以外のほうが影響大である。

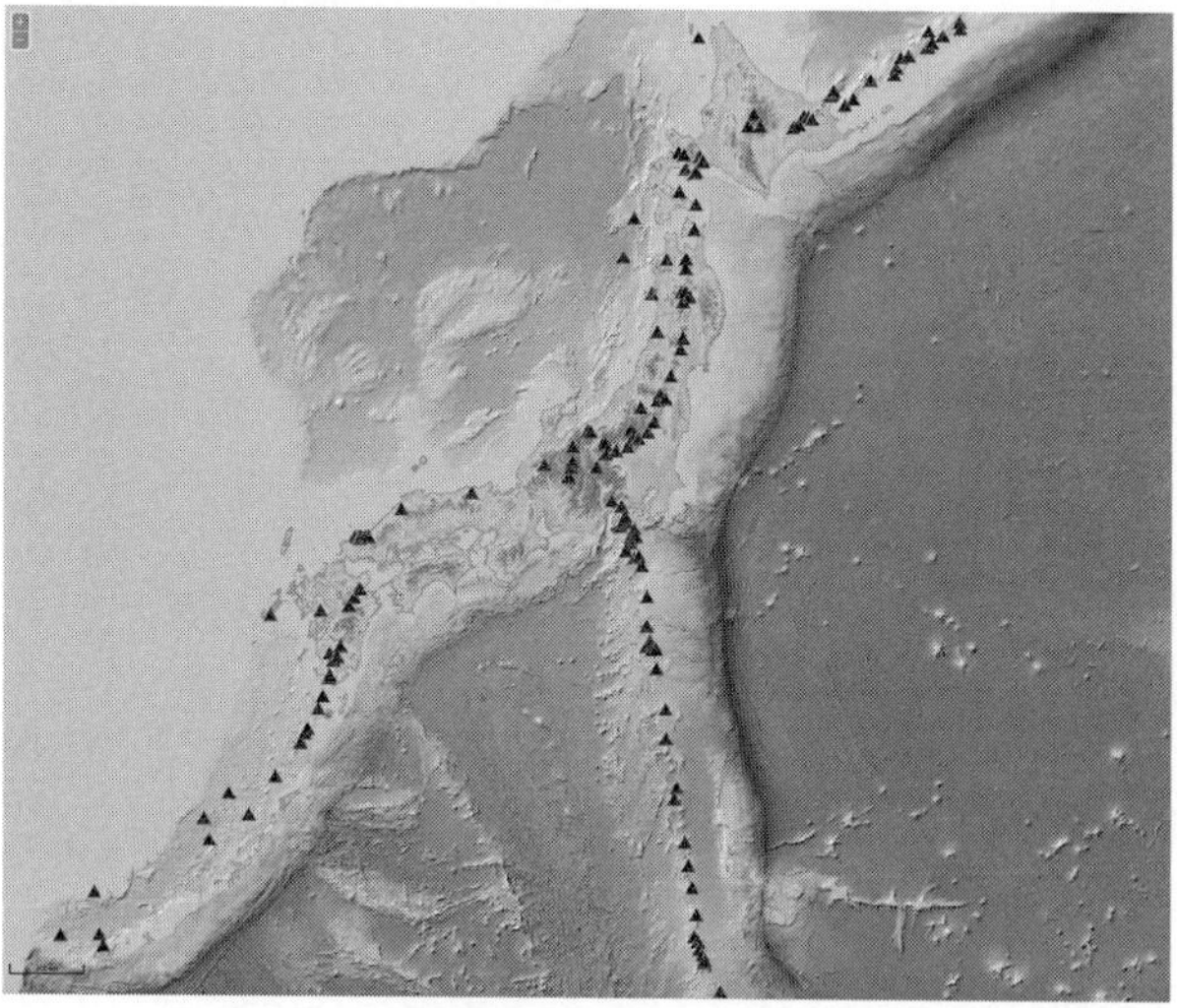

図３－８　**日本列島とその周辺の活火山の分布**（地質図Navi）
過去１万年以内に活動した火山を表示。

深い地下のプレートから放出された水は意外な働きをしている。一般に、地球深部にあるマントルを作る岩石は通常溶けることはないのだが、そこに水が加わることでがらっと環境が変わってしまう。たとえば、地下１００kmにおいて、水がない状態では１５００℃ぐらいにならないと岩石は溶けはじめないが、水があるとそれより５００℃も低い条件で岩石が溶け、マグマを作りはじめるのだ。そして、この水こそが、これまで述べてきた「もう一つの水」の正体だ。

生じたマグマは、一般に周囲の岩石よりも密度が小さいので、浮力により上昇していき、マグマ溜まりを作る。やがて、マグマ溜まりからさらにマグマが上昇するものがあり、それが地表に現れたものが火山となる（図3－7）。

気象庁によると、日本列島には111個の活火山が分布している（図3－8）。日本列島に活火山が多いのは、地下深部がほかの場所よりも温度が高いからではなく、そこに水が豊富に存在しているからである。日本列島だけではない。太平洋を取り囲む環太平洋火山帯を構成する火山は沈み込んだプレートから放出された水により作られたものだ。中国の五行説では水と火は相克《そうこく》の関係にあるが、プレートが地下に運び込んだ水は、火を生んでいることになる。

マントルを溶かさなかった水のゆくえ

先ほど述べたように、有馬温泉の直下でも沈み込んだフィリピン海プレートから水は放出されている。しかし、沈み込み角度が小さいため、有馬の直下では、沈み込んだプレートの上面はまだ深さ60～70㎞にしか達していない（図3－9）。これではいくら水が豊富な環境であっても温度が低く岩石は溶けはじめない。結果、マグマに代わって地表にもたらされたものは、沈み込んだプレートが放出した水を起源とする温泉水である（図3－7）。

有馬の湯は、古く『日本書紀』にもその名が見られ、舒明《じょめい》天皇や豊臣秀吉などの著名人は

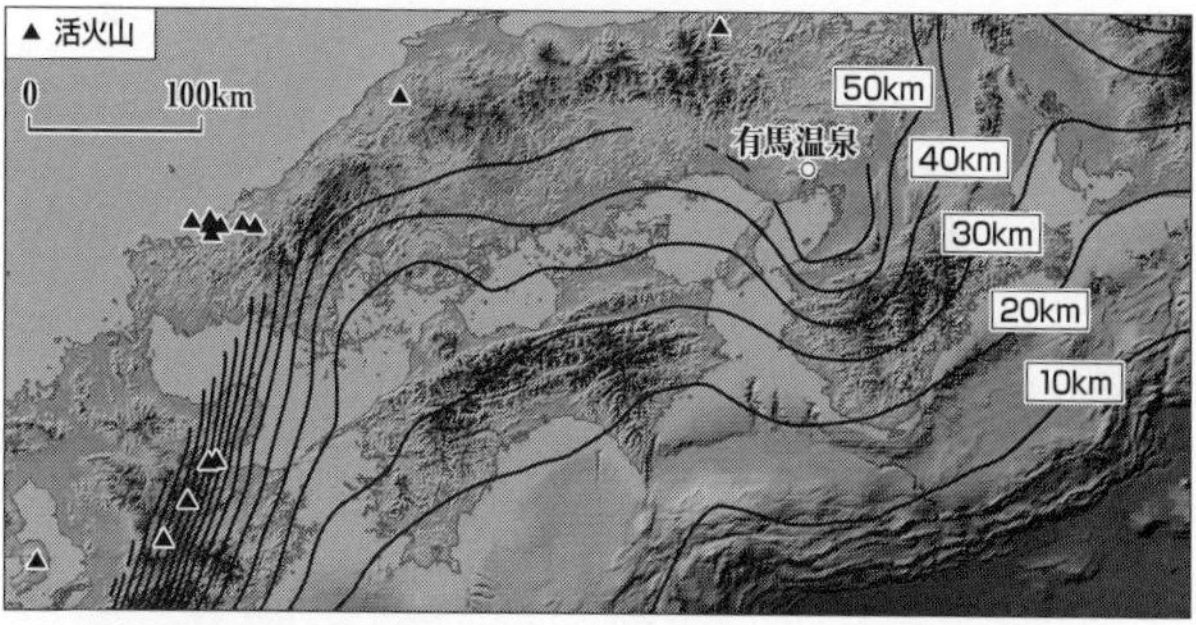

図3－9　**西日本に沈み込んだフィリピン海プレート上面の深度分布**（地質図Navi）有馬温泉の直下では沈み込んだプレートが約60kmにしか達していないことがわかる。

もとより、多くの日本人に愛されてきた。プレート起源の水が多くを占めるというその尋常ではない成り立ちを、肌で感じとっていたのだろうか。

まとめ

海溝での沈み込みにより地下へと運ばれたプレートから解き放たれた水は、思いのほか重要な役割を担っていた。

地下80㎞～100㎞以深で放出された水はマントルの場の環境を一変させ、その一部を溶かし、周辺より密度の小さいマグマをせっせと生産していたのだ。それはやがて上昇し、マグマ溜まりを作る。密度が大きなものから小さなものが作られたので、嵩《かさ》が増す。見かけ上「岩石が増えた」ことになる。火山が分布する列島が成長する要因の一つである。

浅いところへと移動したマグマ溜まりは、周辺よりも高温な場を提供していることになる。それが温泉を作る熱源になる（図3－3）。割れ目から染み込んだ雨水を温め、多様な温泉を生み出し続ける。これらは、古くからわれわれの身体を温め、清めてくれていた。

そしてなにより、煩悩の数を超える１１１個もの活火山の源となり、日本列島を火山が分布する列島として運命づけた（図3－8）。

現在日本にある34の国立公園のうち、活火山も温泉もないものはいくつあるだろう。火山灰をまったく含まない畑の土はどれくらいあるだろう。風景を描いた浮世絵から富士山を消したらどうなるだろう。

沈み込んだプレートから解き放たれた水は、日本が火山列島となる直接的な背景となっていた。川の水が涸れないことからもわかるように、空から降ってくる雨も多い。日本列島は、上からも下からも豊富な水が供給される「水の恵みの列島」であり、見方を変えれば「水攻めが運命づけられた列島」でもある。

孫子の兵法では、「水攻めは敵軍を分断することはできても、敵軍の戦力を奪い去ることはできない」（浅野裕一『孫子』）という。もし、孫子の水攻めの項が軍事のみならず、列島に暮らす人間の所作にも当てはまるとすれば、われわれは一つにまとまることは難しく、容易に分断される存在といえるかもしれない。ならば、これに目をつぶったり、無駄にあらがったりせず、個性として生かしてはどうだろう。この個性の受けとめ方は、本書の終章への宿題としたい。

第4章　大陸の東、大洋の西——湿った列島

1　回転する球の表面を流れる大気

西風が吹く湿った列島

天気は重要な関心事の一つだ。地学の分野のなかで、普段からこれほど皆の注目を集めているものはない。この時代にあっても、「よい天気ですねぇ」「暑いですねぇ」は、まだ距離をつかみきれていないご近所さんと出会ったとき、実に有効な枕詞として機能している。また、テレビ・ラジオ・新聞などの伝統的なメディアでは天気予報は定番だし、スマホのお天気アプリをチェックするのは日常の風景だ。イベントの直前ともなればなおさらである。とくに、イベントを主催する側にとっては死活問題にもなる。

日本列島は南北に延び、気象・気候も多様であるが、一般に雨が多く、それが暖かい時期

にもしっかりと降り、また西風が卓越している。これは列島全体を通した共通項として挙げられるだろう。それらを決定づけているのは、日本列島が、

・中緯度に位置していること
・大陸の東の端から、微妙なあいだを置いて位置していること
・大洋の西の端に位置していること

と要約できる。本章では、これらの点を中心に概要をみてみたい。

地上付近の風とコリオリの力

まず、地上付近の風の様子をみてみよう。図4-1はそれを模式的に示したものだ。ちなみに、小縮尺の地図上で模式的な風向きを示すのに、曲線で描かれることが多いのは、コリオリの力が働いていることを表現するためだろうか。コリオリの力は聞き慣れない言葉と思うが、回転体の上を移動する物体に働く力である。地球は、北極星から見て反時計回りに自転している。その地球の北半球では、コリオリの力によって移動する物体は右に曲げられる(逆に南半球では左に)。

コリオリの力は重力などと比べるとはるかに小さいので、普段の生活で実感することはできない。ウサイン・ボルトは2009年、ベルリンで行われた世界陸上で9秒58をたたき出

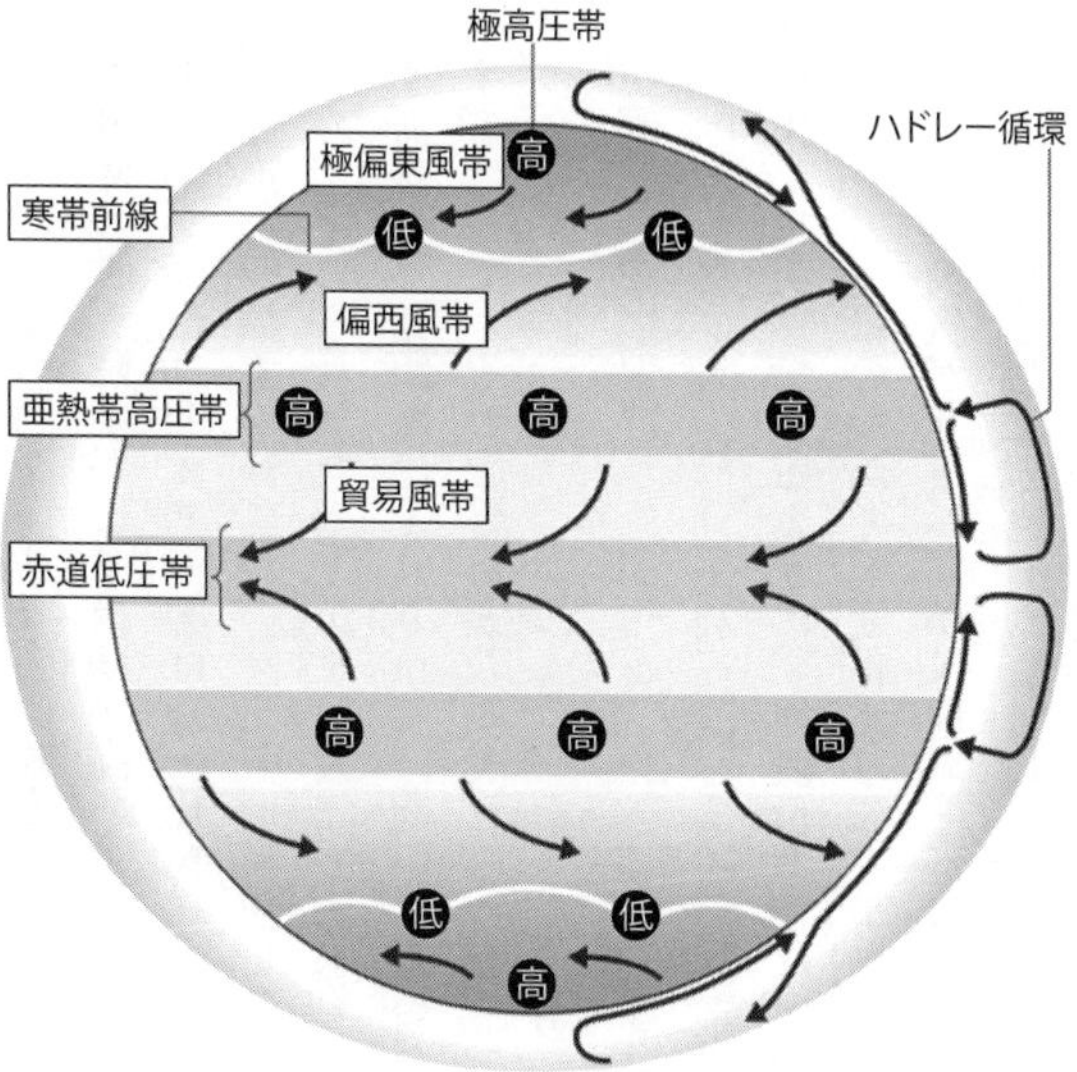

図4－1　地球における大気の大循環モデル（引用図）

した。これは2023年現在でも短距離走男子100mの世界記録である。このときの最高速度は秒速12・27m（時速44・17㎞）であったとされる。

彼の体重を94kgとして計算すると、最高速度に達したボルトは0・13N（ニュートン）のコリオリの力を受けていた。ボルトにかかっている重力は約920Nだから、コリオリの力の7000倍以上にもなる。すなわち、ボルトが疾走中になぜか身体が右へ右へと引っ張られ、ついにはレーンを外れてしまう確率よりは、誤って転倒してしまう可能性のほうがはるかに大きいわけだ。転ばなくて本当によかった。

ちなみに、このコリオリの力は緯度により異なり、極で最大、赤道でゼロになる。もし2009年の世界陸上がより緯度が高いアイスランドのレイキャヴィクで行われていたら、ボルトにかかったコリオリの力は0・15N、エクアドルのキトであれば0N。むしろ、重力加速度の違いや酸素の薄さが、タイムに影響しそうだ。

一方、定められたレーンがない大気や海水も、しっかりとコリオリの力を受ける。また大気や海水の移動距離は100mではない。そのため、力の大きさはわずかでも、長距離を移動することで、その影響が顕著に表れるのだ。

小笠原気団の消長

緯度から考えると、日本列島はほぼ偏西風帯に属している（図4-1）。だが、日々の生活体験から実感できるように、地表付近ではいつも北東へ向かう風ばかりが吹いているわけではない。一日のなかでも変化することがある。偏西風帯は、全体を大まかにまとめると、地表付近の大気が北東へ向かう地域と理解しておけばよいだろう。

図4-1の右側に示されたように上空の風にも着目すると、北半球・南半球、いずれの場合も緯度30度付近には、赤道で上昇した空気が降り注いでいることがわかる。そこは亜熱帯

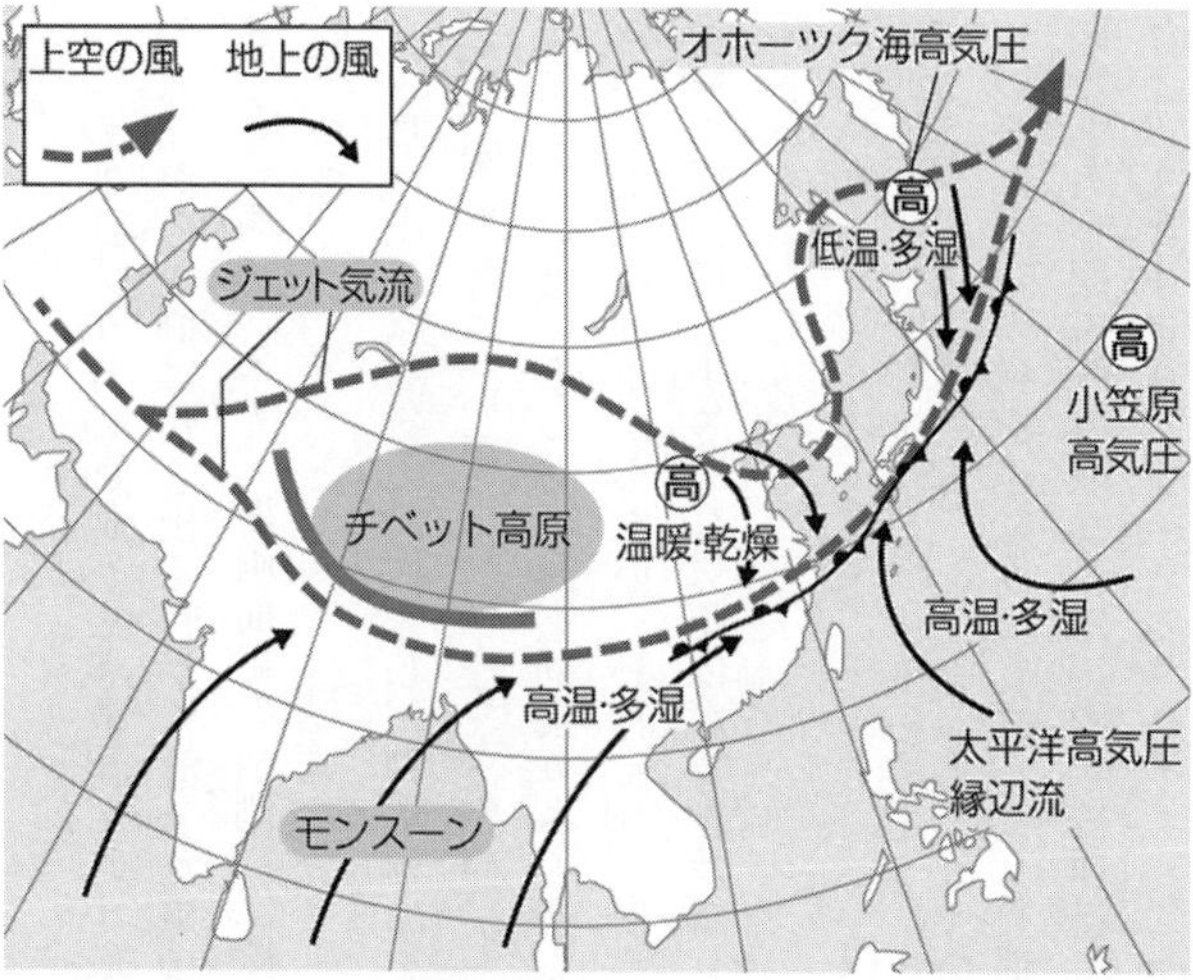

図４－２　モンスーンと梅雨前線を作る空気の流れ（引用図）

高圧帯と呼ばれる。下降してくるのは雨を落としきった乾燥した空気だ。オーストラリア大陸はこの影響下にあるため、乾いた大地が広がっている。

海上の場合はどうだろう。とくに、太陽の光を高角度で受け海水温度が上昇する夏季には、太平洋では亜熱帯高圧帯付近に太平洋高気圧が形成される。これが暖められた海水からの水蒸気を取り込むことで、もともと乾燥した暖かい空気であったものが、湿った暖かい空気の塊に変質していく。太平洋が広い海であるからこそ、空気が海水から長期間影響を受けるだけの時間が確保されるのだ。とくに、日本付近まで発達した高温多湿になった太平洋高気圧は小笠原高気圧（小笠原気団）と呼ばれる。

この北西太平洋の西側へと張り出した小笠原高気圧は日本列島に様々な影響を及ぼす。この気団から西側に吹き出る暖かく湿った風は、東南アジアからもたらされるモンスーン（後述）と一緒になって、梅雨前線の南側に位置する湿った空気となる（図4－2）。梅雨の原因の一つだ。

さらに小笠原高気圧が拡大し、日本列島をすっぽりと覆い隠したら猛暑。ともかく蒸し暑い。「陽射しは強いが木陰に入ると快適」という感覚は日本の盛夏では味わえない。さらに、湿度が高いということは温室効果ガスである水蒸気を大量に含むことを意味するので、日が落ちても気温は下がらない。われわれは寝苦しい夜として、温室効果を実感している。また、台風の経路にも小笠原高気圧は影響を及ぼし、この高気圧の西の端を時計回りに移動していく台風もおなじみのものだ。

上空の大気の流れ

つぎに上空の風をみてみよう。あまり見慣れない図かもしれないが、図4－3は高層天気図である。図の読み取り方は、中学校理科で登場する地上天気図と少々異なる。この図の場合は、300hPa（ヘクトパスカル）の気圧の面がどの高さにあるか、を示したものだ。

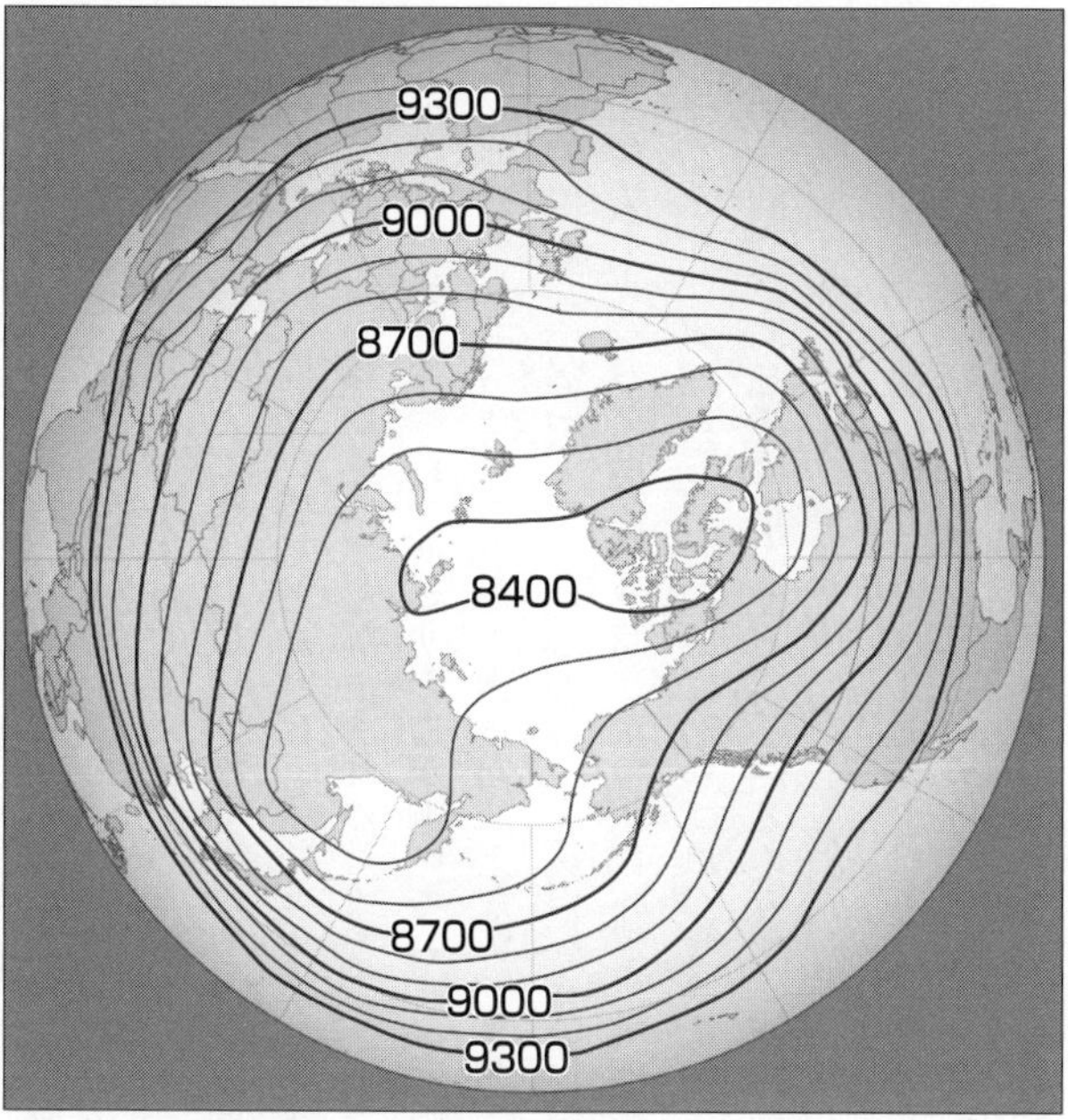

図4－3　**対流圏最上部付近の平均的気圧分布**（引用図）
1月の月平均300ha等圧面の高度（8400～9300m間のみ表現）

線は等高度線、単位はm。1気圧は1013hPaであるから、空気全体のざっと30%ぐらいがおよそ標高9000mより上に存在していることがわかる。

全体的な傾向に着目すると、中緯度から極に向けて等高度線が低くなっている。たとえば、この図において、日本の北部九州は9000m、北極では8400mと600m分の差がある。これは、対流圏の上部より上に分布している空気の量は北極のほうが少ないことを意味する。北部九州の上空で気圧が300hPaになるのは高度9000mより上であるのに対し、北極の上空高度9000mより上では空気の量が足らず、8400mから上を含めて勘定してやっと300hPaになるという意味だ。したがって、たとえば高度9000mを基準にして考えると、空気の量は、極で少なく、中緯度で多いわけだ。

地球が自転していない惑星であれば、中緯度上空から極域の上空へと空気の流入がスムーズに起こり、この不均質はすぐ解消されるだろう。ところが、自転している球体上を移動するものには、先に述べたコリオリの力が働いてしまう。中緯度の上空にあるたくさんの空気は右に曲げられて、空気の少ない極に向かえない。さらに、高度9000m付近では地表との摩擦が働かないので、空気の少ないところに空気が流れ込もうとする力（気圧傾度力という）とコリオリの力が正反対の向きでつり合い、空気は等高度線に沿って東へと向かう風になってしまう。すなわち、この線に沿って風が吹いているわけだ。空気は、北極上空から見て反時計回りに同じ緯度帯をぐるぐる回るのみで、極方向には運ばれず、この気圧の傾向は解消されないのだ。

説明が前後するが、図4－3は1月における20年間の平均を図示したものである。日本付近に着目すると等高度線の間隔が狭い。上空では強い東向きの風、すなわち西風がたえず吹いていることがわかる。先ほど、地上を流れる風の向きとして、日本付近は偏西風帯に位置するると書いた。ここでみたように、上空でも強い西風が吹いていることになる。しかも、地上付近の風向きが容易に変化するのに対して、上空ではかなり安定した西風だ。

　このような日本列島上空における強い西風の存在は、たとえば飛行機で太平洋を横切るとき、行きよりも帰りの飛行時間が長いこと、フィリピン沖から北上した台風が日本列島付近に到達した途端、東へ急速に移動していくことなどから実感できる。さらにこの西風は、終章で述べる火山噴火による火山灰の分布域にもきわめて大きな影響をもつことになる。

2　大洋と大陸が存在する惑星の大気循環

モンスーン——海風・陸風の全球版

　第1章でも概観したように、空気、水、生物などを除けば、地殻は地球に存在している物質のなかでもっとも密度が小さいものとして位置づけられる。すなわち、軽いのだ。したがって、厚い大陸地殻どうしが衝突すると行き場がなく、巨大な「できもの」のような高まりが作られてしまう（図4－4）。

　ヒマラヤ山脈・チベット高原は、インド亜大陸がユーラシア大陸に衝突することで形成さ

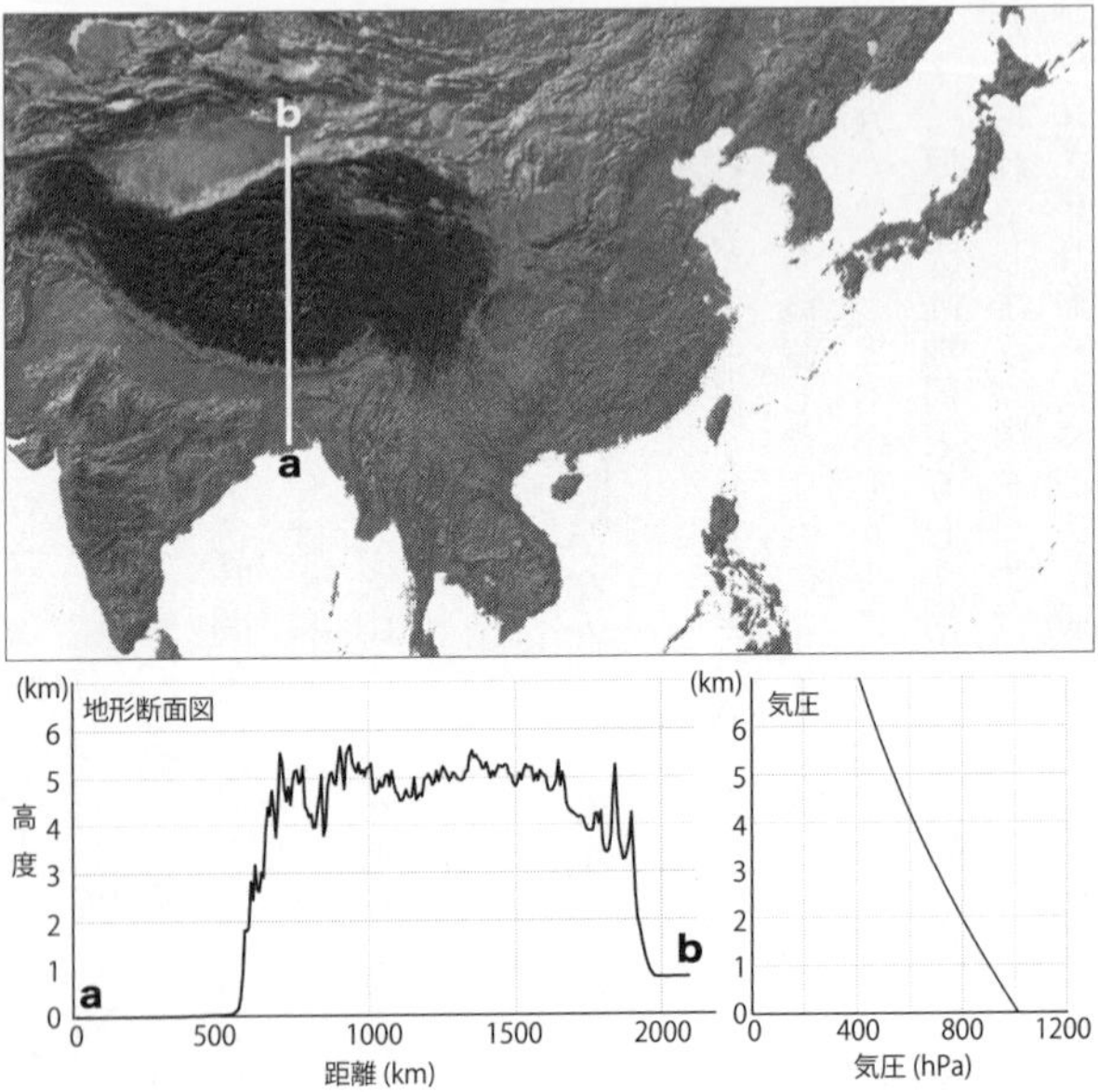

図４－４　**巨大な高まり、チベット高原**（地理院地図、データ引用）

れた。チベット高原は平均高度が約５０００ｍ、面積は約２５０万㎢にもなる。日本列島の約６倍におよぶ広さだ。

ジェット旅客機が水平飛行をする高度は約１万ｍだから、チベット高原はその半分の高さをもつ広大な高原ということになる。太陽が放出する可視光は空気中をほとんど素通りする。それに対し、チベット高原は５０００ｍの平均高度で、日本列島の６倍もの面積で太陽光を吸収することができる。とくに雪のない夏季は、土地がむき出しになるので、日光は反射される割合が小さく、よく吸収される。高度5000mでいえば、本来、低温の大気で充たされているところに、高温で広大な面積をもつ土地が出現することになる。あとは、中学校で習った海風・陸風の巨大版を考えればよい。

高温の陸地によって暖められた大気は、膨張することで、地上付近では低気圧が形成され、周りから空気を集める。夏季のチベット高原でいえば、遠くインド洋の南部から赤道をまたぐ大規模な空気の流れとなる。こうして、夏のインド洋上を通ってきた高温・高湿度の空気がチベット高原に移動しつつ、大量の雨を降らせる。

このチベット高原が集める空気の流れは、北半球の貿易風帯では、通常と逆向きの風となる。このように季節によって方向が変化する風（季節風）をモンスーンと呼ぶ。

「風上」にある巨大構造物——チベット高原

チベット高原は夏季の高温によって気圧配置を劇的に変え、モンスーンをもたらすだけではない。そもそも対流圏の半分ぐらいの高さまで出っ張った、巨大な障壁なのだ。

先ほど、日本列島周辺では、上空では強い西風が吹いていることを述べた。日本を基準に考えると、風上側にチベット高原という大きな障壁が存在していることになる。

上空の偏西風のうち、とくに風速の大きい部分は、ジェット気流と呼ばれる。ジェット気流の流路は季節によって変化するのだが、春になりちょうどモンスーンの時期になると、ジェット気流の流路が北側へ移動し、チベット高原にぶつかる位置となる。そのためジェット気流は分離し、チベット高原の南を通るものと北を通るものの二手に分かれる。

そして、チベット高原を通過後、蛇行しつつ合流にいたるが、そのときはただ元の鞘《さや》に収まるというわけにはいかない。チベット高原の南を通ったジェット気流のさらに南には、インド洋からのモンスーンや小笠原気団からの吹き出しが押し寄せてきている。一方のチベット高原の北を通ったジェット気流は乾燥した空気をもたらす。それらが中国南部や西南日本でぶつかりあうことで梅雨前線がかたちづくられる。

さらに、チベット高原の北を通ったジェット気流の大きな蛇行は、この時期、大陸と比べてまだ低温を保っているオホーツク海上に高気圧を生み出す。そこから吐き出される冷たい風は、西へ張り出しつつある小笠原高気圧からもたらされる風と温度・湿度とも異なるので、結果、梅雨前線を生み出し、日本列島、とくに東北日本における梅雨の原因となる。このオホーツク海高気圧は湿った冷たい風（やませ）の供給源であり、これが長く居座り続けると、東北地方は冷夏となり、不作となる。

チベット高原の高さや位置は、地質学的に捉えれば変化するが、通常の時間感覚では、「固定」されている。そのため、この蛇行しながら合流にいたる風の経路も「固定」されたよくあるパターンとなる。

3　大気と海洋のつながり

「大洋の西」の暖水プール

一年を通して考えると赤道周辺で受け取る太陽エネルギーは大きい。この太陽エネルギーで暖められた海水は、貿易風（図4－1）によって西へと流される。もちろん、流されているあいだも真上から降り注ぐ太陽光によって、さらに暖められる。

「海は広いな大きいな」の歌詞どおり、太平洋はでかい。面積でいうと全海洋の約50％にもなる。太平洋の赤道域における東端・西端間の経度の差は約150度。地球半周分に30度届かないがかなりの大きさだ。一方の大西洋の東西幅は約60度と太平洋の半分以下しかない。つまり、太平洋は東西に延びた、そして大西洋は南北に延びた大洋なのだ。この低緯度部分において東西に広いという太平洋の特徴は、海洋表面を暖めるという点でとても効果的に働く。低緯度を西に向けて流れる海流が太平洋の西端に辿りつくころには、充分に海水は暖まっている。

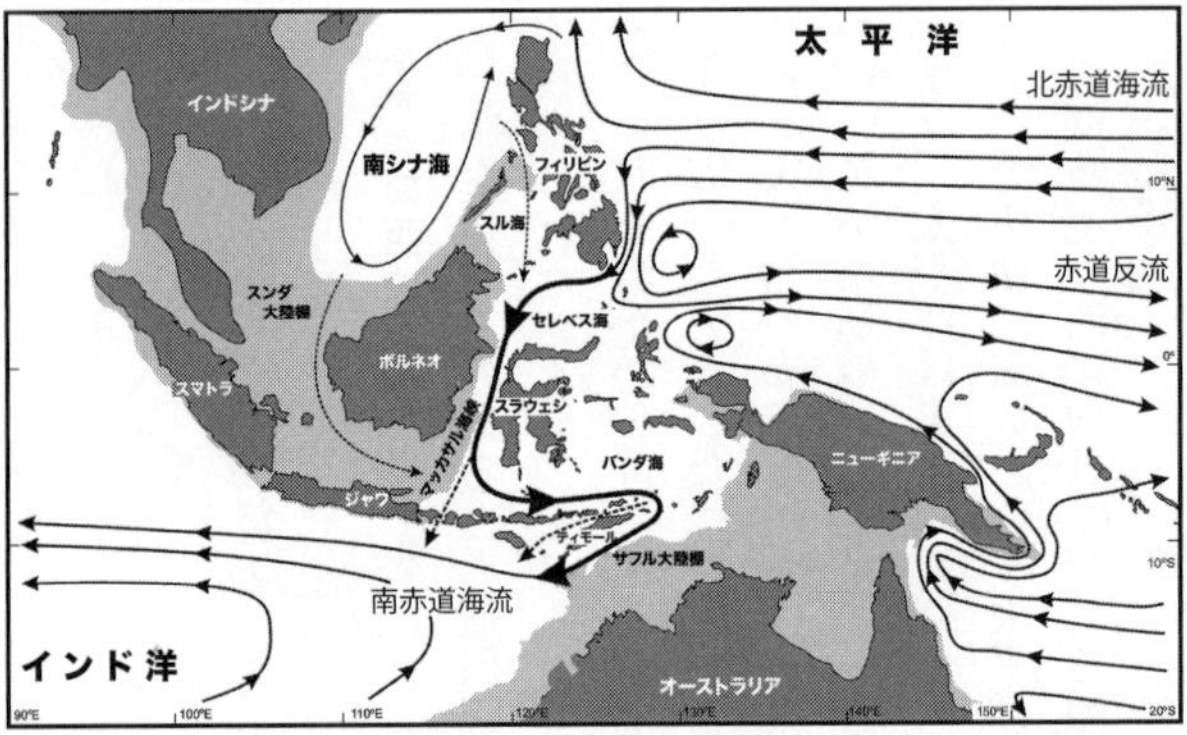

図４－５　西赤道太平洋海域に暖水プールが形成される地形的な背景（引用図）

太平洋の赤道域を考えると、東端はわかりやすい。しかし、西端は、と地図を見ると悩む。インドネシア、マレーシア、フィリピンなどを構成する多数の島々が分布しており、いったいどこを境界にすべきか決められない。これらの島々の起源は複雑であり、第2章でもみた西太平洋にたくさん存在している背弧海盆の成因とも関係している。

海水の移動という観点で、これらの島々を眺めると、まさに防波堤の群れであり、結果、太平洋－インド洋間の海水のやり取りが著しく制限される（図４－５）。世界全体の海水温分布（図４－６）を見ると一目瞭然だが、太平洋の西部からインド洋の東部にかけての低緯度地域に巨大な暖水プールが形成されていることがわかる。この成立には太平洋の東西方向の大きさに加え、島々の配置によって海水が滞るという地形的・地球科学的な要

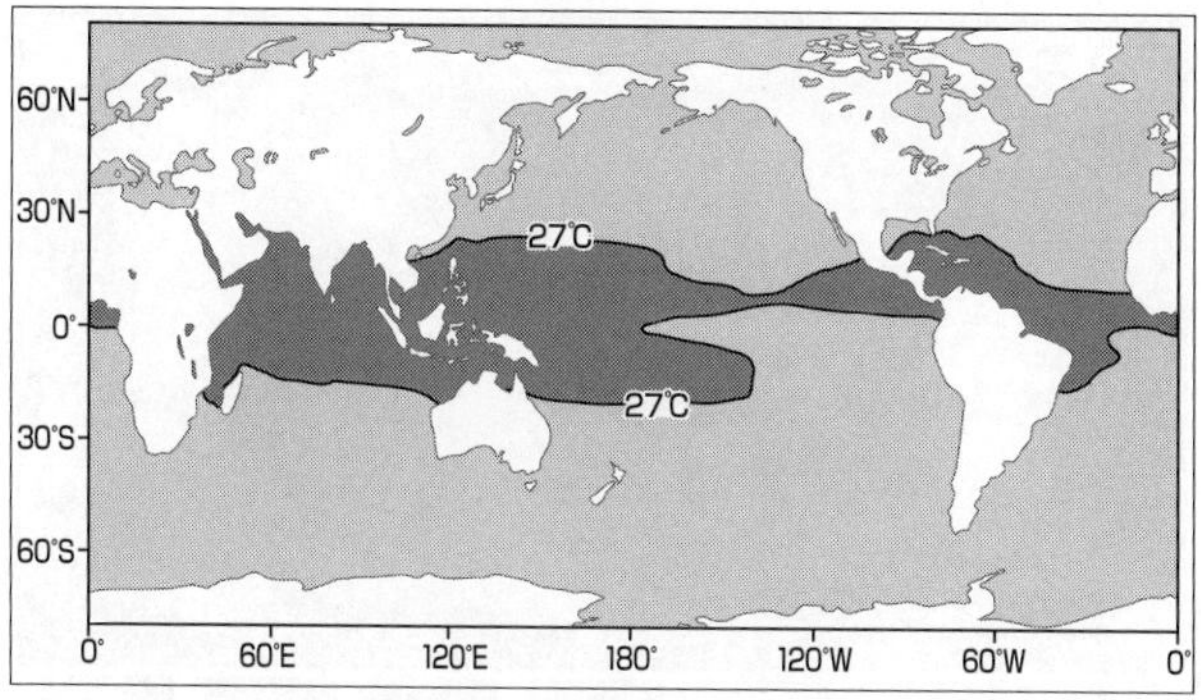

図４－６　世界の年平均海面水温：2022年（引用図）

因が関係している。

「理不尽な」台風

地学の世界の出来事は自然現象であるが、つい人間目線で、ある種、不公平感を感じざるをえないものがある。台風の発生場所と移動経路は、その一つだろう（図４－７）。発達した熱帯低気圧は、発生地域により、台風、サイクロン、ハリケーンと異なる名称で呼ばれているが、ここでは便宜的に一括して「台風」と呼ぶことにする。

それにしても、この圧倒的な地域偏在性をなんと表現すればよいのだろう。日本列島で生活していると、年に何度も台風がやってくるのは当たり前のことだが、図を見れば、それが世の常識ではないことがわかる。台風がまったくかすりもしないところが世界には多数存在している。

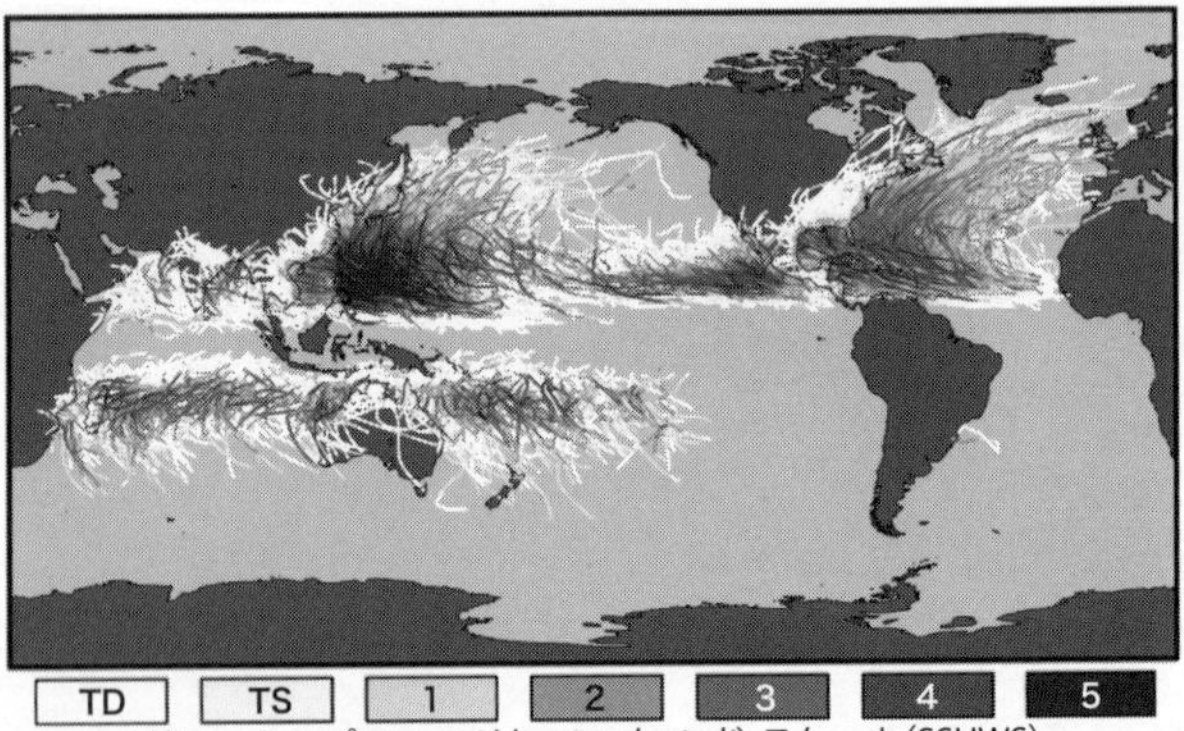

図4－7　熱帯性低気圧の経路（引用図）
1800年代中盤～2006年の約150年間のデータ。

熱帯低気圧が発生するのにまず重要なのは、海水温が27℃以上の水塊が形成されることである。陽光のもと、砂浜で泳いだり、足を浸してもまったく冷たさを感じずにいられる水温だ。この暖水プールによって大気が加熱され、かつたっぷりと水蒸気が供給されることが重要だ。西太平洋の低緯度域に分布する巨大な暖水プールは、まさにその条件を広い範囲で充たしている。そして、この真北に日本列島が位置するという地理的条件が、日本列島を台風来襲域とすることを決定づけた。

4　「大陸の東、大洋の西」の気候

「大洋の西」の強い海流

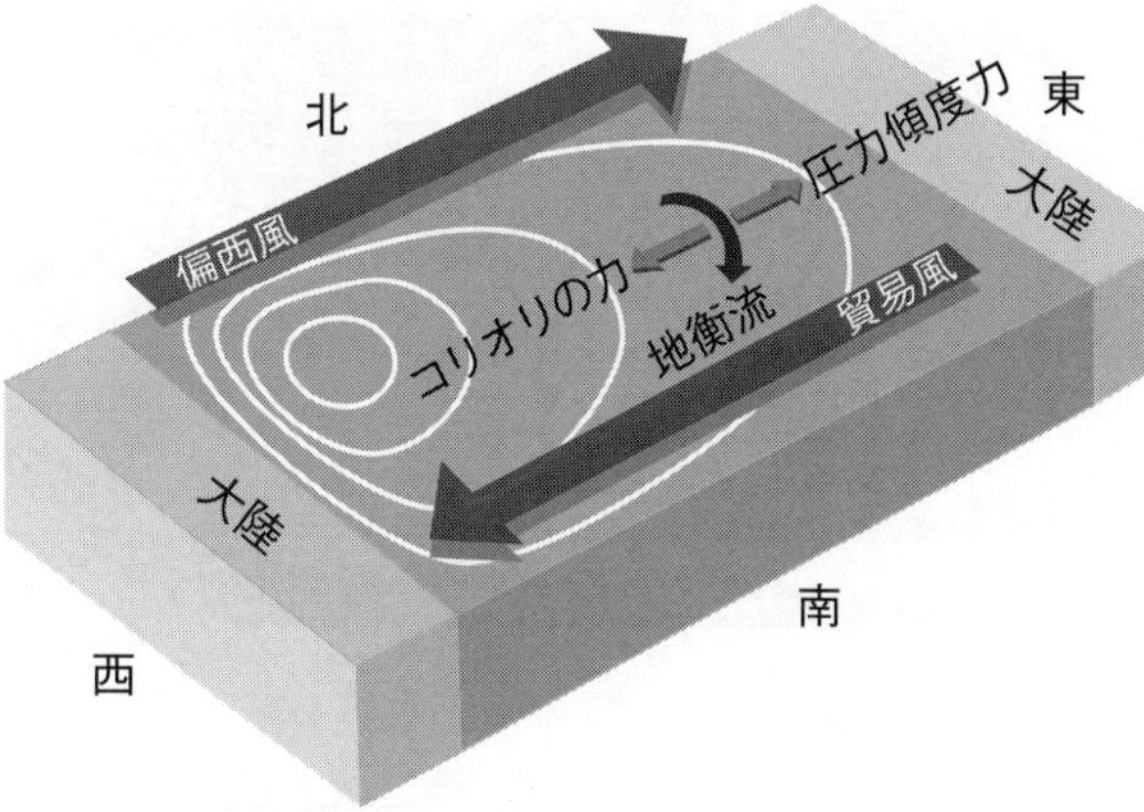

図4－8　**海流の西岸強化**（引用図）

コリオリの力は風だけでなく、もちろん海流にも影響を及ぼす。コリオリの力の強さが緯度に応じて変化することで、西側の流れほど流速が速くなることを数学的に導きだしたのがヘンリー・ストンメルである。

図4－8に結果のみを示すが、回転する球体の面を長方形に展開したものである。これは太平洋の北半球部分ともみることができる。太平洋を大きく時計回りに循環する流れは、回転の中心がだいぶ西側に寄り、結果、海流の速度は、流線の密度が大きい西側で大きく、東側で小さい。この傾向は回転方向に関係なく、反時計回りの場合も、やはり西側で強い流れとなる。

これを、われわれが学校で習った海流に当てはめて考えるとどうなるだろう（図4－9）。地図帳に載っている海流の図では、黒潮とカリ

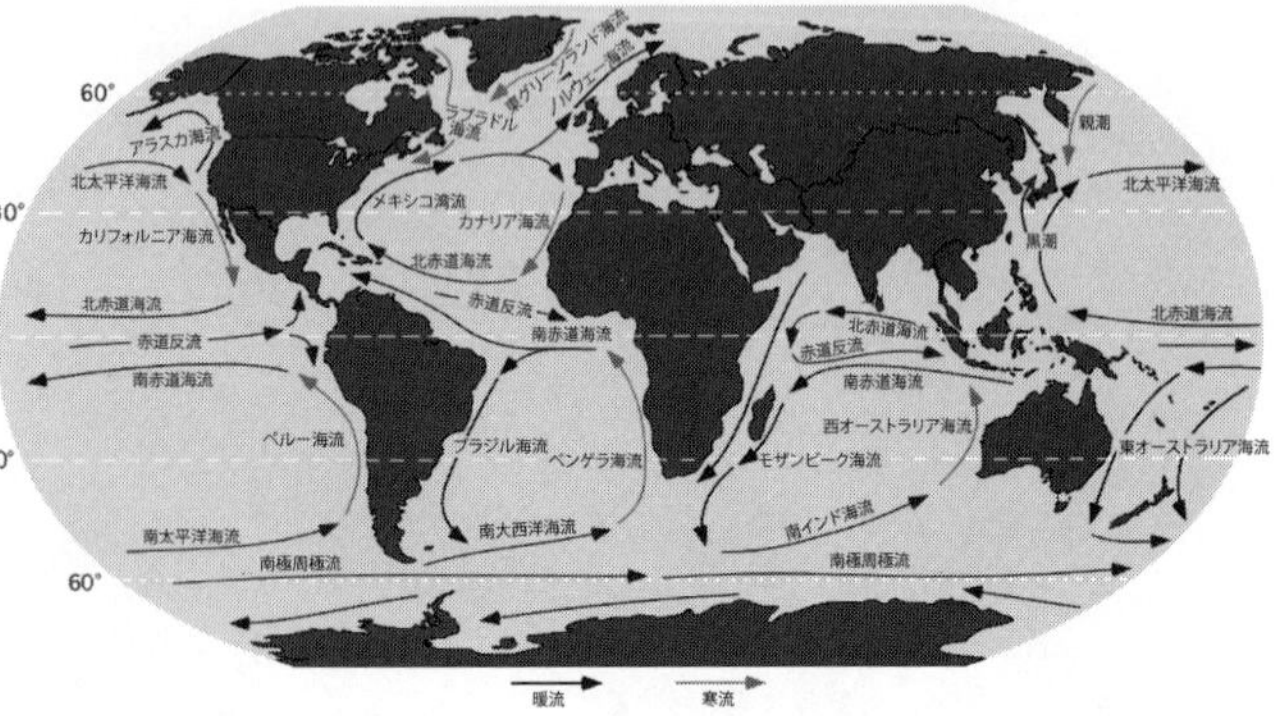

図4－9　世界の海流（引用図）

フォルニア海流は矢印の長さ・太さは同じように表現され、ただ暖流は赤、寒流が青で描かれることが多い。実際には、太平洋という一つの大洋を単位とした場合、西側に分布する黒潮のほうが断然、強力な流れなのだ。黒潮は暖水プールの温かい海水を積極的に北へと運ぶ役割を担っていることがわかるだろう。

列島の「下腹をなであげる」黒潮

日本列島は、その緯度にそぐわない高温の海水で洗われていることになる。作家の小松左京は『日本沈没』で、この黒潮の流れを「日本列島の下腹をなであげつつ、北太平洋を、対岸北米大陸にまで滔々と流れていく「大洋の中の黒い大河」」と表現した。この「黒い大河」は膨大な熱エネルギーと水蒸気に加え、様々なものを日本列島にもたらしている。名も知らぬ遠き島より椰子《やし》の実を運んだり、絶滅危惧ＩＢ類に指定されているニホンウナギの稚魚を日本近海まで届けたりと。

日本列島がユーラシア大陸の東端から分離した、ということは第2章で述べた。大陸が割れ、そのあいだでプレートが拡大し、かつ大陸地殻が引き延ばされ、背弧海盆が形成された。日本海である。この日本海が形成される活動は1500万年前には終了し、日本列島は現在の位置に置き去りになった。

黒潮の影響一つをとっても、日本列島が現在の位置にある意義はきわめて大きい。仮に、日本海の拡大が今現在の位置で止まらず、日本海がもっと広い海であったのなら、どうなっていたのか。海流は陸の制約を受けない限り、なるべく西側を流れたい。小松左京流にいえば、強力な黒潮は、日本列島の「下腹」ではなく「背中」を通って、日本海を北上していただろう。

逆に、日本海がもっと狭かったら、黒潮の分流である対馬海流は日本海へと流れ込めなかったはずだ。実際、のちの項でみるように、対馬海流はとても微妙なバランスを保ちつつ、日本海に流れ込んでいることがわかる。

「頭寒足熱」と日本海側の大雪

真冬に全国の天気予報を見ると複雑な気持ちになる。本書執筆中、私は太平洋側で生活しているが、日本海側に住んでいる知人に思いを馳せてしまう。雪かき大丈夫かなあとか。別に良い人アピールをするわけではないが、ついそんなことを考えてしまうほど、山脈を挟み、日本海側と太平洋側であまりにも天気が異なるのだ。

日本人は、北越を中心に北海道、東北、北陸の日本海側が豪雪地帯であることを学校でも習うし、よく知っている。しかし、それは日本のなかで雪の多いところ、というだけではない。世界基準で眺めても、豪雪地帯なのだ（図4－10）。いったいどういう条件が日本海側を世界的な豪雪地帯にしているのだろう。

まず根本的な原因の一つは、日本列島から何千㎞も離れたシベリアにある。シベリアの冬、太陽の光はごく低角度になり、かつ日照時間も短い。要するに一日のほとんどが夜となる。受け取る熱がごく限られる一方、地面から熱の放射は進むため、極寒の地となる。放射冷却がどんどん進行する状況だ。そのため、その上を覆う大気も冷やされ気温はマイナス40℃にもなる。冷え切った空気は重くなり、地表面から上空2～3㎞にかけて高気圧が形成される。シベリア高気圧だ。この低温で、乾燥した空気の塊はシベリア気団とも呼称されるが、この形成にも、チベット高原が関係している。チベット高原が盾となることで、南の暖かい空気とのやり取りが遮断され、極寒の空気の塊が維持される。

一方、太平洋上には、大陸と比較して温度の高い海水が存在し、そこでは低気圧が形成さ

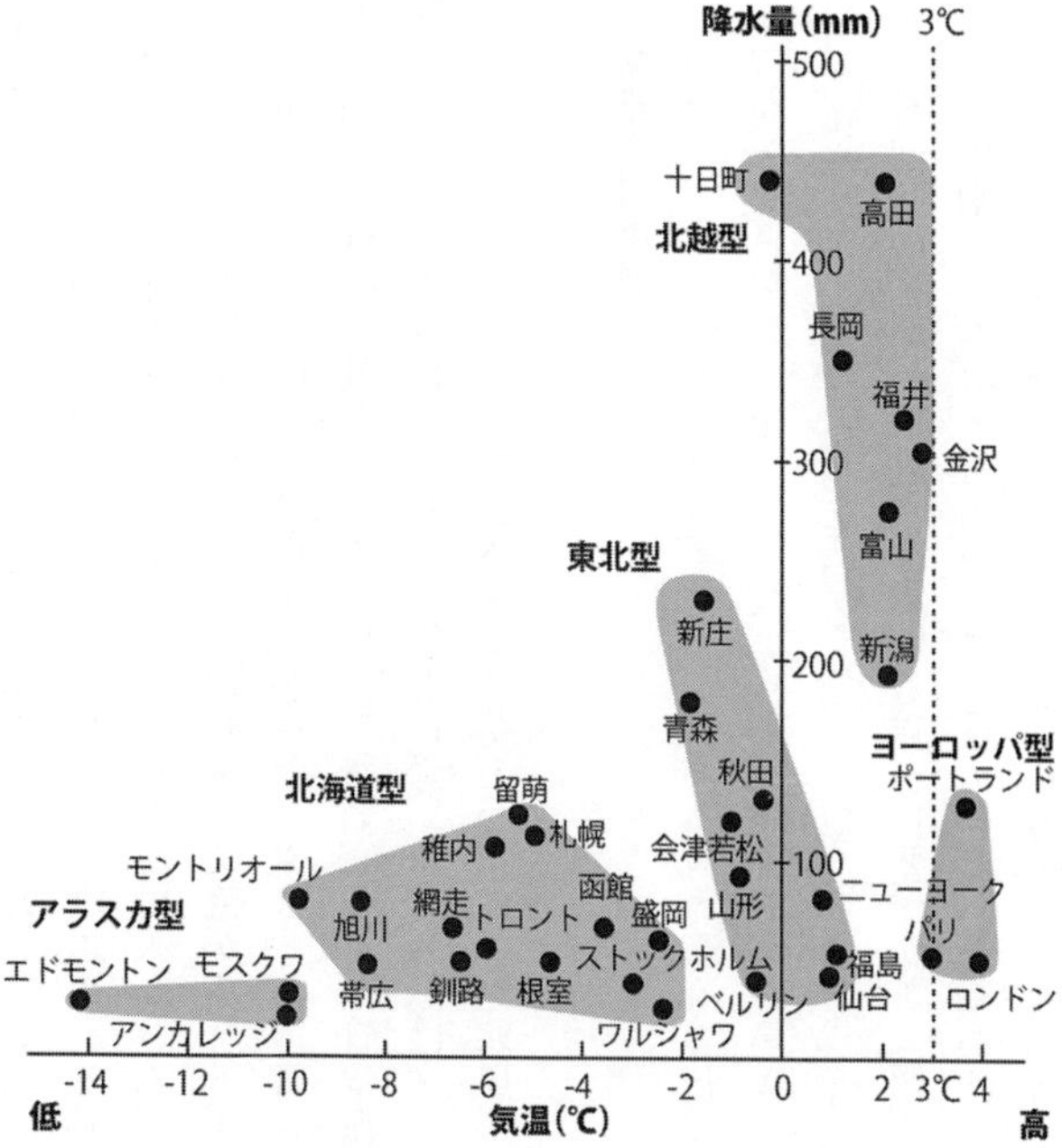

図4－10　1月（最寒月）の平均気温と積雪量（降水量換算）の関係（引用図）北半球の中・高緯度地域。

れる。冬の天気予報でよく聞く西高東低の成立だ。高気圧から低気圧へと空気は流れ込もうとするが、例によってコリオリの力が働くため、風は右に曲げられ、北西の風になる。これが冬の日本列島で体験できる「北風」である。天気予報で、冬のあいだ中、「西高東低の冬型の気圧配置となり……」と毎日のように聞かされるのは東アジアだけなのだ。

ただし、これだけでは豪雪の説明にはならない。

そもそも極寒のシベリアでの積雪量はたかが知れている。寒さだけが大雪の原因ではないのは明らかだ。雪の材料となる水蒸気が大量に供給される必要がある。それを成立させているのは、暖流である対馬海流が冬季にも日本海に入り込み、北上しているということにほかならない。シベリアからの北西の風の直下を暖流が流れる、という「頭寒足熱《ずかんそくねつ》」ともいえる構図が重要な点だ。温かい対馬海流からたっぷりと水蒸気を取り込むことで、低温で乾燥した季節風は、低温で高湿度な季節風に変質し、それが日本海側へと吹き付けてくる。そして第2章で述べたように、300万年前以降、日本列島はメリハリがきいた列島になり、山脈は高くなった。結果、雪を日本海側に落とし、乾いた寒風が太平洋側へと吹き抜ける。

繊細な対馬海流

つぎに、この豪雪の立役者の一つである対馬海流の起源をみてみよう。そもそも対馬海流は、もとは黒潮だ。先に述べたように、暖流である黒潮の成立には、赤道太平洋の西側に高温の暖水プールが存在していることが大きい（図4－6）。また、西岸強化できわめて強力な時計回りの循環が形成されている点も重要である（図4－8）。

その黒潮が、本流と対馬海流に分岐できるかどうかは、地形的な制約を受ける。日本海に入り込めるようになったのは、約170万年前とされる（北村晃寿「貝化石・有孔虫化石の複合群集解析による日本本島の島嶼化過程・東海地震の履歴の研究」)。沖縄トラフの拡大が五島列島にまでつながり、水深が深くなることで、表層の海水が通り抜けられるようになった。

五島列島の脇を北上した対馬海流は、対馬海峡を通過して日本海へと入っていくが、この海峡の水深は、なかなかに微妙である。現在の対馬海峡はほとんどの場所で水深130mより浅い。

第1章で論じたように、地球の気候は寒冷化と温暖化を周期的に繰り返しており、その振幅は過去100万年間でとくに大きくなっている(第1章の図1-7)。通常、シベリアと日本列島の気温の低下は、日本列島での積雪を増やすように働くが、氷期の最寒期には別な状況も成立する。氷期には気温だけでなく海水準も低下するためだ。

約2万年前、最終氷期の最寒期には120m以上低下した(図1-8)。となると、対馬海峡はあらかた露出し、狭い水路が残されるのみだ(図1-10)。この状態では、黒潮の分流は、もはや対馬海峡を通過できず、日本海には入れない。結果、北風に率先して水蒸気を供給するものはなく、全球的には低温である氷期に、日本海側はむしろ雪が少ない、という少々不思議な具合になる。

約170万年前から対馬海流は日本海へと入り込めるよう地形的な状況は整ったわけだが、対馬海峡の浅さゆえ、氷期―間氷期(図1-7)の海水準変動の影響をもろに受けてしまう。

現在は、間氷期の真っ盛りなので、海水準は高い。対馬海峡の水深は確保され、黒潮は分岐し、対馬海流は日本海に侵入できる。結果、冬の日本海側は豪雪となる。氷期と比較して温暖なのに豪雪、という一見矛盾するような気候が成立する。

ここでも地形が気候や気象に大きく影響を及ぼしていることがわかる。日本海側の山地には厚さ何mもの雪が保存され、その雪解け水が水田を充たし、田植えの時期となる。7月末までスキーを楽しめる山形県の月山のように、夏まで雪が残っている山もある。雪をいただく山々は貴重な水源なわけだ。それもほとんどイオンを含まない超がつく軟水だ。この水がいくら干上がろうと塩害（塩類集積）の心配はない。

以上のように考えると、日本列島がこのかたちでこの場所に存在している、ということがきわめて重要であることがわかる。つかず離れず、微妙な距離を保ちつつ、浅い海峡を隔ててユーラシア大陸から「独立」したということが、気象・気候に大きな影響を及ぼした。

さらにここでは論じないが、これは人間を含めた生物の分布・進化にも作用してきた。何かがほんの少し変わっていただけで、日本列島はわれわれの知る日本列島とまったく様相を異にしていたであろう。

まとめ

『徒然草』に、「家のつくりやうは、夏をむねとすべし。冬はいかなる所にも住まる」とある。無知はときとして、人を大胆にし、単純な結論へと向かわせる。現在の私もまさしくそうで、知識が欠落している分、つぎに述べる直感に妙な自信を持っている。そう、約700年前のある夏の日、吉田兼好はこの項を執筆したのだ。冬に、ではない。

日本の夏はあまりに蒸し暑く、冬は非情なほど寒く北風が強い。どれほどの洞察力・想像力に恵まれている人でも、反対の季節のことを肌感覚をもって思い描くことはできないのだ。このまれにみるベストセラー『徒然草』に皆が賛同したからかどうかわからないが、たしかに本州以南の伝統家屋は、夏にチューニングされていたように思う。われわれは大陸から様々なものを学んだが、韓国の伝統的な床暖房であるオンドルは普及しなかった。

結果、大量の水蒸気を含んだ小笠原高気圧にとっぷりと覆われた盛夏を、風通しのよい家屋でなんとかしのぎ、冬は外とさほど温度が変わらない室内で身をかがめ着ぶくれてやり過ごそうという戦術をとったことになる。

これは個人の印象に過ぎないが、一年を通して考えると、外にいて快適と思える期間がとても短い。夏・冬はいうにおよばず、春の花見のころは正直寒いし、そうこうしているうちにすぐ梅雨がやってくる。秋も長雨あり、台風ありと、季節の変化、移り変わりが激しい。

それもこれも、本章でみたように、日本列島が中緯度に位置し、巨大な大陸の東、巨大な海洋の西に位置していることに起因している。まとめとして、黒潮洗う高知市と、同じ緯度で太平洋の向こう側、カリフォルニア州のハンティントン・ビーチの気温と降水量を比較してみよう（図4－11）。これほど太平洋の西と東で異なるのだ。唖然とするしかない。ハンティントン・ビーチの夏、翌日の天気に合わせて仕入れを調整する、という工夫は不要だろう。雨は降らないのだ。

日本列島では、ガーデンパーティーを快適に楽しめる期間はごく限られているが、その移ろいやすい天候は、たくさんの詩歌を生む背景となり、緑あふれる大地が維持される素地となった。また、暖かくなっていく季節に、たっぷりと雨がもたらされる土地は、麦やトウモロコシではなく、まさに米作りの適地であり、われわれが米食民になることを運命づけた。民謡『米節《こめぶし》』に謡われるように、米作りは「八十八度の手がかかる」重労働であるが、これを経済の中心に据え、江戸時代には苦労を重ねて、このさほど広くもない列島上に3000万人の命を養った。

また、その影響は農業や植生のはなしに留まらない。あとの章で述べるように、日本列島が雨の多い湿った列島であることは、塩の確保、岩石の風化・侵食、はては金鉱床の生成にまで影響を及ぼしているのだ。

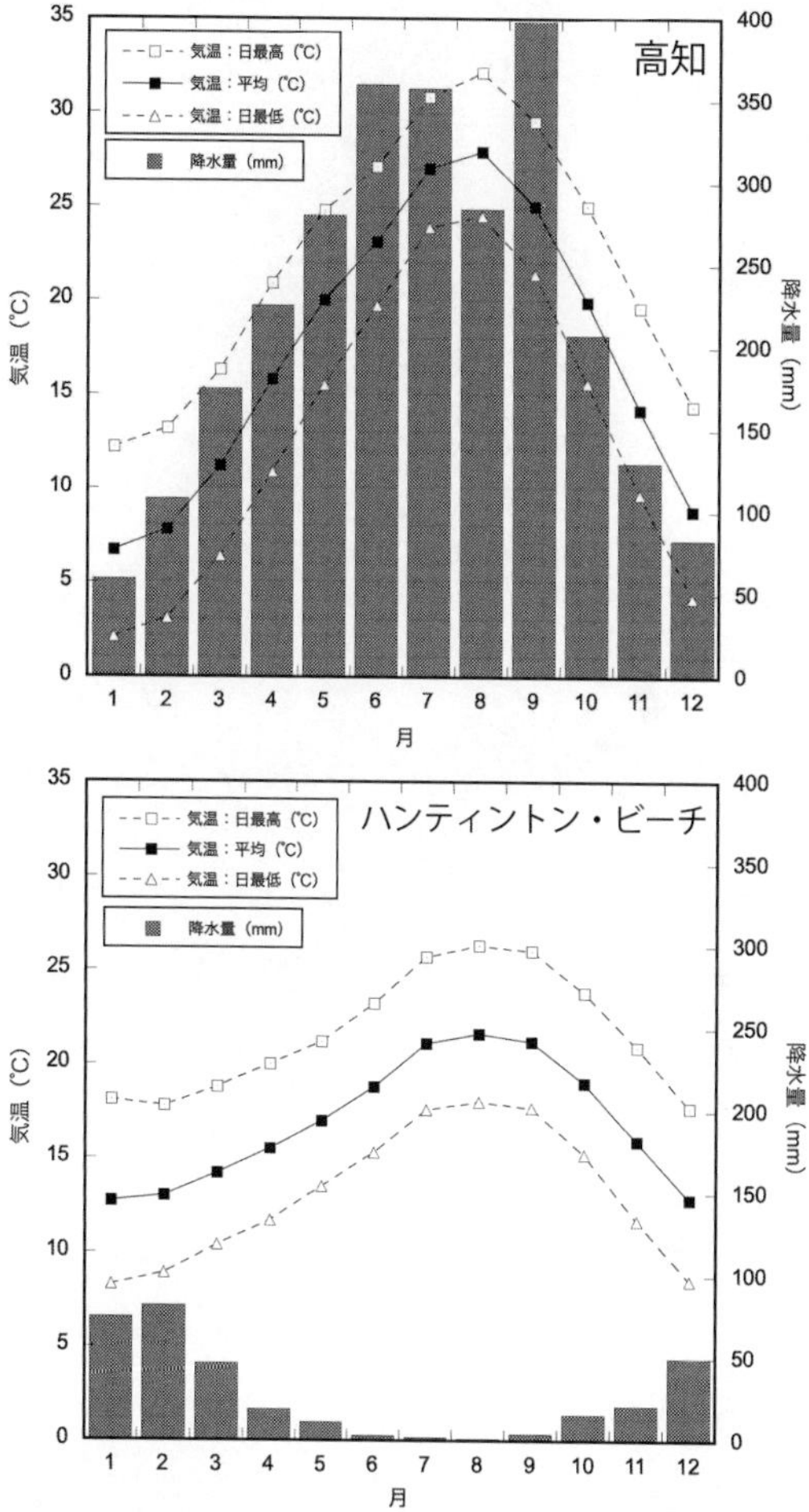

図4－11　太平洋を挟んだ両岸の気温・降水量（データ引用）

第5章　塩の道——列島の調味料

1　昔話で描かれた塩

「塩吹き臼」の道

日本には無数の昔話がある。そのなかでも筆者がとくに気に入っているのは「塩吹き臼《うす》」だ。タイトルは固定されておらず、「海の水はなぜ塩辛い」と冠されることもある。この昔話では、「海の水はなぜ塩辛い」という問いに、海の底で塩を吹き出す臼が回り続けているから、と答えている。

このはなしにはじめて触れたのはいつだろう。おそらくテレビ・アニメ『まんが日本昔ばなし』のなかの一話として見たのが最初の気がする。再放送でないとすれば、小学校の高学年のときだ。

成人してからの再会の瞬間はよく覚えている。大学院生のときに読んだ、ジェームズ・ラヴロックの『地球生命圏——ガイアの科学』のなかで「塩吹き臼」が扱われていたのだ。ただこの本では、ノルウェーの昔話として紹介されていた。「日本の昔話じゃないのか?」「同じ筋の昔話がユーラシア大陸の両側に存在している」とかなり驚いたものだ。

後年、ノルウェーの昔話の英訳本が、明治以降に日本に伝わった可能性があるという説(小林美佐子「昔話の話型の研究」)を知った。日本のオリジナルではないこと、また割と最近になって伝搬したはなしであることに少しがっかりしたが、一方で、それが日本で普及したことは、この物語を受け入れる素地があったということだろう。

欲しいものがなんでも出てくる臼という設定が気に入られたのか、それともなんであれ独り占めしてはいけないという教訓譚のところか。もしくは、海が塩辛い理由という古典的な謎に対する好奇心だろうか。

そして、万能の臼を使って、なぜ人々は塩を所望し続けるのだろうか。それら疑問への回答になるかどうかわからないが、本章では、海の水が塩辛い理由、日本列島における塩について考えてみたい。

図５－１　宇宙からみた地球（引用図）

2　海の水はなぜ塩辛いのか

神の目で地球を眺め、水の循環をイメージする

海の水はなぜ塩辛いのか？　さかのぼってみていくとすれば、舌の味蕾《みらい》の中にある味細胞《み》がナトリウムイオンを検知し、脳へ「塩辛い」というシグナルを送るからだろう。それでは、海水中になぜたくさんのナトリウムイオンが含まれているのか？　時間と空間のスケールの縮尺を柔軟に伸び縮みさせながら、考えていく。

まずは宇宙飛行士になった気分になろう。神の目でもよい。遠く

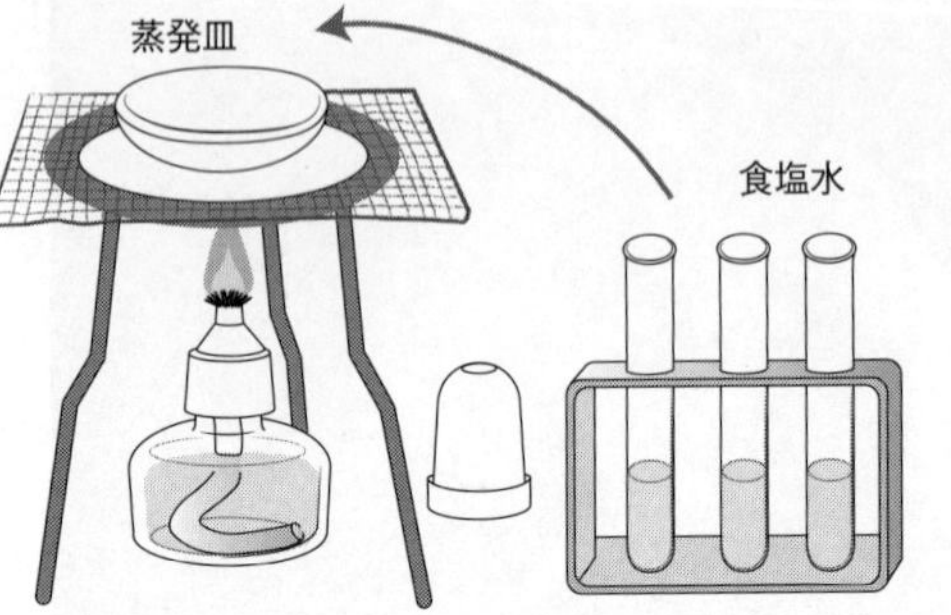

図５－２　食塩水から食塩を取り出す実験

から地球を眺める感覚（図５－１）。陸と海と雲が見える。小学校と中学校で習った知識を総動員しつつ、このスケールでの水の循環をイメージしてみる。

水はいたるところから蒸発する。海からだけではなく陸からも。生まれた水蒸気は目に見えない。しかし、条件によっては凝結し、雲になると人の目でも見えるようになる。やがて、より大きな粒子へと成長すれば、それは雨となって降り注ぐ。陸に降った雨は大地を潤すが、多くが蒸発してしまう。一部は河川水や地下水となって、また海へと戻っていく。そして重要なのは、この過程が延々と繰り返されることだ。

延々と繰り返される水の循環を想像できるようになったところで、つぎにナトリウムを考えてみる。小学校５年生の理科で、水に溶けたものを取り出す実験をしたかもしれない（図５－２）。蒸発皿に入れた食塩水を蒸発させて、食塩だけが皿の上に残ることを確認しただろう。

自然においても一緒である。液体の水が蒸発した水蒸気はH_2Oからなる純粋な気体であり、ナトリウムをはじめ塩類は含まれない。ナトリウムは残される。したがって、水蒸気の集合体である雨水もナトリウムを含まない。

この過程では、蒸発皿にあたるのが海である。ただし、実験室での蒸発皿の場合は、水蒸気は空気中に消えてしまうが、地球全体で考えると、水蒸気は重力に捉えられ、巡り巡って、またいずれ海に戻ってくる。

石も水に溶ける

なにも含まない純粋な水である雨が陸に降り注ぐ。日本に住んでいると、雨が降る光景は珍しくないが、降りしきる雨を見ても、岩石が水に溶けるとは想像しないだろう。しかし実は、ほんのわずか溶けているのだ。砂糖や塩が溶けるような速さでは溶けない、というだけのはなしだ。

ここでは、地殻を作る岩石に一般的に含まれる鉱物の曹長石《そうちょうせき》と水の反応を考えてみる。反応式で書くと以下のようになる。

$$2NaAlSi_3O_8 + 9H_2O + 2H_2CO_3 \rightarrow 2Na^+ + 2HCO_3^- + Al_2Si_2O_5(OH)_4 + 4H_4SiO_4$$

曹長石 ＋ 水 ＋ 炭酸 ↓ ナトリウムイオン＋炭酸水素イオン ＋ 粘土鉱物 ＋ 珪酸

すごく複雑そうにみえるかもしれない。とくに、学生時代、化学に苦しめられた人は直視できないだろうか。でもここではぐっと我慢して、矢印（↓）の前と後ろ、反応の前後でのナトリウム（Na）の違いに着目してみよう。矢印より上の反応前、Naはほかの元素と結びついて、化合物を作っている。これが曹長石である。そして、水（H_2O）と炭酸（H_2CO_3）と反応して矢印の下になると、ナトリウムはNa^+となっている。ナトリウムイオンだ。他の元素との結合が切れ、一人立ちしただけでなく、プラスの電荷を帯びる。この反応が非常にゆっくりとではあるが、世界中のいたるところで起きている。

ここでは曹長石と水・炭酸の反応を考えたが、もちろん岩石の表面でこの反応だけが起きているわけではない。鉱物の種類だけ、右のような化学反応が起こる。このように、地球表層で鉱物が別の物質に変化していく反応を、一般に化学風化《ふうか》と呼ぶ。

水とナトリウムの循環

さて、ここまで理解したところで図5－3を眺めてみよう。先ほどの図5－1でイメージ

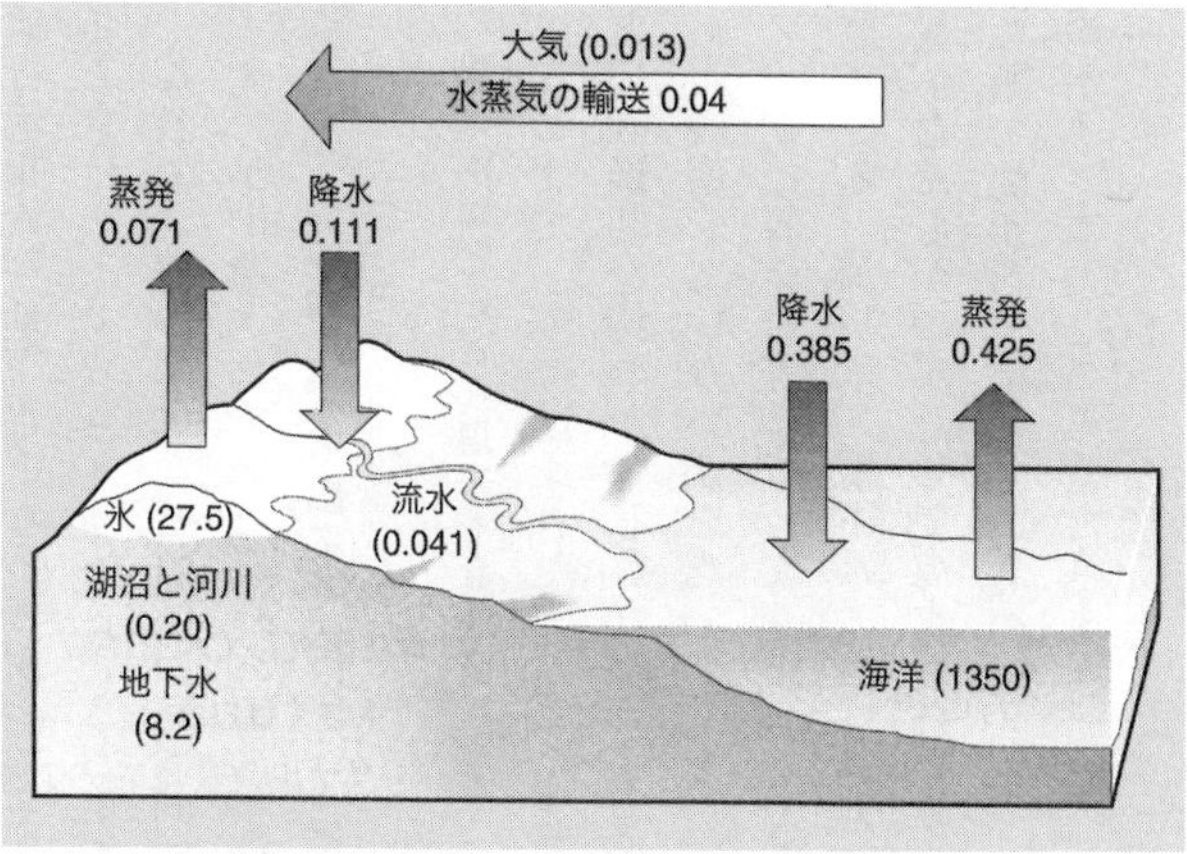

図５－３　**地球表層における水の存在量と循環**（引用図）
カッコ内の数字は存在量（10^6km^3）、他の数字は輸送量（10^6km^3/年）

した水の循環を少し定量的に考える。海全体での蒸発と降水の収支を比べると、蒸発のほうがやや多いことがわかる。一方、陸全体では、逆に降水のほうが多い。ちょうど収支が逆転している。また、海から陸への水の移動は水蒸気が、陸から海への水の移動は流水（河川水や地下水）が担っている。

そして、海から出ていく水（水蒸気）と海へ戻ってくる水（流水）を比較すると決定的な違いがある。海から出ていく水は純粋な水（H_2O）であったのに対し、戻ってくるときには、ナトリウムイオン（Na^+）を溶かし込んでいるのだ。先ほど説明した、鉱物からわずかに溶けたナトリウムイオンである。

理科の実験では、蒸発皿から出ていった水は戻ってこなかった。でも、海から蒸発した水は河川水や地下水となって戻ってくる。出ていったときは純粋な水としてだが、戻ってくるときはナトリウムイオンというお供を連れて。

これで「海の水はなぜ塩辛い」に回答したことになる。陸から海へと、たえずナトリウムイオンが供給されているから、海の水は塩辛いのだ。ナトリウムという元素を考えた場合、「右に回せばなんでも出てくる臼」とは巨大な陸だったわけだ。

海の水はどんどん塩辛くなる？

ここまで丁寧に読まれた方は、「それじゃあ、海の水はどんどん塩辛くなっているのか？」という疑問を持つかもしれない。一方的に、陸から海へナトリウムイオンが供給される、としか説明していないからだ。

最初に答えを言ってしまうと、そんなことはなく、海水の塩分濃度はほとんど一定に保たれている。河川水・地下水に溶け込んで陸から海へと運ばれるのと同量のナトリウムイオンが、なんらかのかたちで海水から取り除かれている。さて、ナトリウムイオンは、どんなかたちで海から退場していくのだろう。この新たな疑問、「海の水はなぜ塩辛くなりすぎないのか？」について考えてみよう。

3　塩の地層

岩塩は蒸発岩の一つ

世界の半分以上の人たちは岩塩を食しているらしい。日本でも食にこだわりのある方は、いろいろな岩塩を使い分けているかもしれない。

岩塩とは、いってみれば、塩でできた地層である。地質図Ｎａｖｉをいくら目をこらして眺めてみても、塩の地層は出てこない。日本列島にはないのだ。

本書でもここまでいくつかの種類の堆積岩が登場してきた。泥岩、砂岩、レキ岩など、陸が削られてできた粒子が海のなかで溜まってできたのが一般的な堆積岩である。実は、まったく異なるできかたの堆積岩もある。水のなかに溶けていた物質が、析出・沈殿して形成されたものだ。通常は、水が蒸発・濃縮して、溶解度を超えた鉱物が析出・沈殿していくので、蒸発岩と総称されている。

蒸発岩に含まれる鉱物は、岩塩（$NaCl$）、石膏（$CaSO_4 \cdot 2H_2O$）、方解石（$CaCO_3$）などが代表的なものであり、実に多様である。現在の組成の海水が蒸発した場合、量的にもっとも多く析出・沈殿するのは岩塩だ。本章では、とくにナトリウムのゆくえに着目しているので、

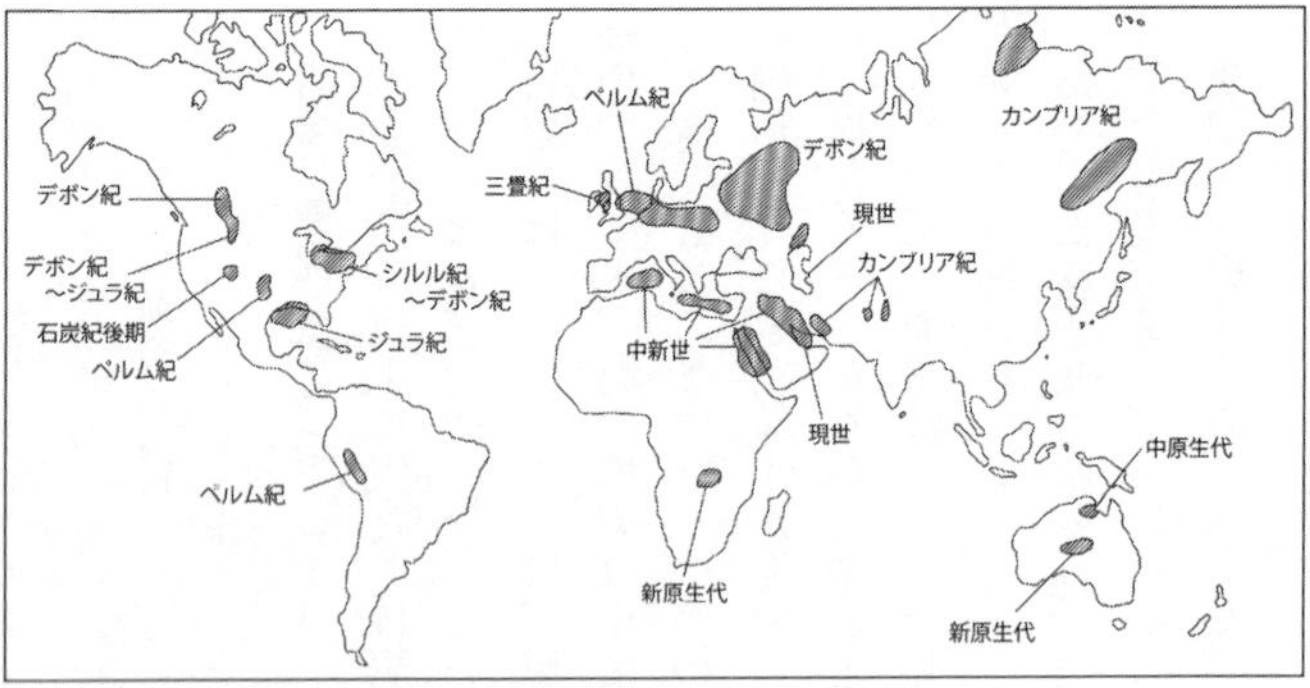

図5－4　**世界の岩塩**（引用図）

蒸発岩に含まれる鉱物のうち、この岩塩に絞って考えてみる。

図5－4には世界のおもな岩塩の産地を挙げてみた。皆さんのお気に入りの岩塩の産地は含まれているだろうか。図中、岩塩が堆積した地質時代名が併記されており、様々な時代に岩塩が作られていることがわかる。

無人島の塩

昔の自分がスケールになっている写真で恐縮だが、図5－5を見てほしい。オーストラリア北西部の小さな無人島デキソン島（Dixon Island）に行ったときのものだ。池に氷が張っているように見えるのが岩塩である。これは海が大荒れのときに海水が海岸の岩の凹みに流れ込み、それが蒸発して作られた。まさに、小学校理科の蒸発皿実験の天然版だ。

一般に、蒸発岩が形成される条件として、

①河川からの淡水の供給が限られている
②外洋との接続が限られている
③気候が異常に乾燥している

の三つが挙げられる（Press, F. and Siever, R. *"Understanding Earth"*, 3rd ed.）。

図5－5　西オーストラリアの無人島デキソン島の塩

このデキソン島の天然蒸発皿はちっぽけであるが、わずかとはいえ、海水からナトリウムイオンを取り除いている。極端な表現をすれば、これがもっと大規模に起こった例が図5－4に示した岩塩だ。このなかで、地球史上、わりと最近の例は、地中海の干上がりである。

干上がった地中海

長いこと教壇に立ち大学生と接しているが、地中海が干上がったはなしをするとたいてい驚かれる。

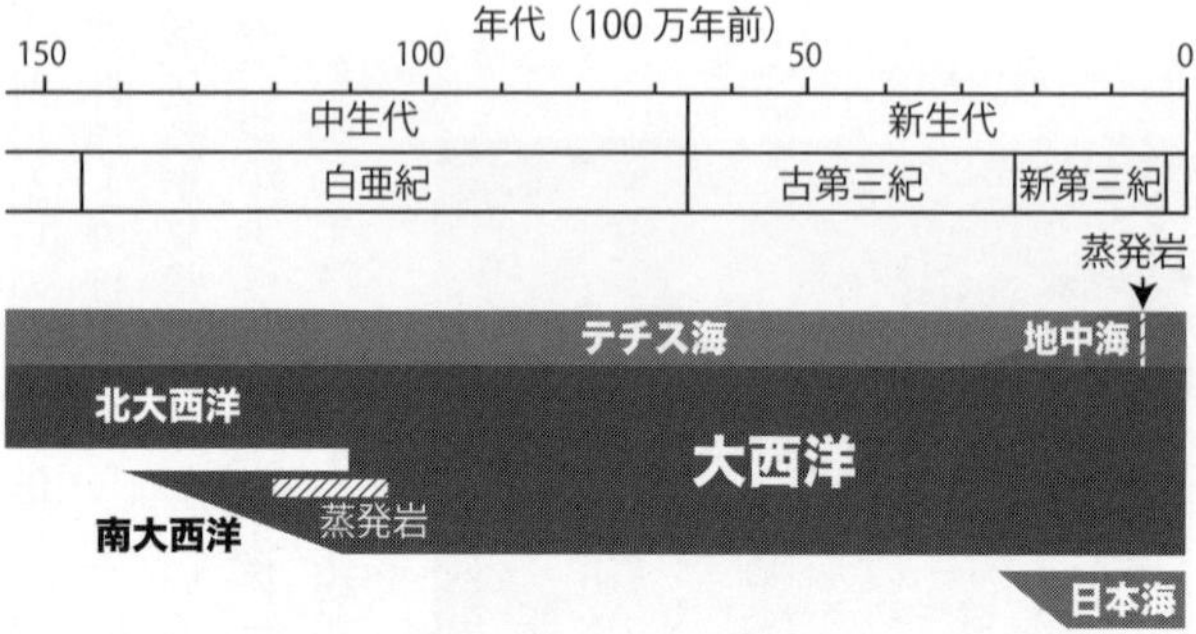

図5－6　蒸発岩年表

序章でも書いたとおり、高校地学の履修率が低いことも一因だろう。地中海が干上がったのは約600万年前〜約530万年前（図5－6）にかけて。人類の進化上、ちょうどヒト亜族とチンパンジー亜族が分岐したころのはなしなので、高校世界史の守備範囲内でもある。教科書の冒頭に一行でもよいのでこの地中海が干上がったはなしに触れてほしいと切に願う。教科連携にもなる。

　地中海は先にみた蒸発岩が形成される三つの条件をほぼ充たしている。地図を見るとわかるように、大西洋と地中海をつなぐジブラルタル海峡は非常に狭く、外洋との接続は限られている。大規模河川はナイル川だけで、外洋との接続は限られ、乾燥した地中海式気候である。ただし、現在のジブラルタル海峡は狭いとはいえ、水深が約900mもある。表層水のみならず中層水まで水のやり取りがある。

　約600万年前〜約530万年前のあいだ、このただ

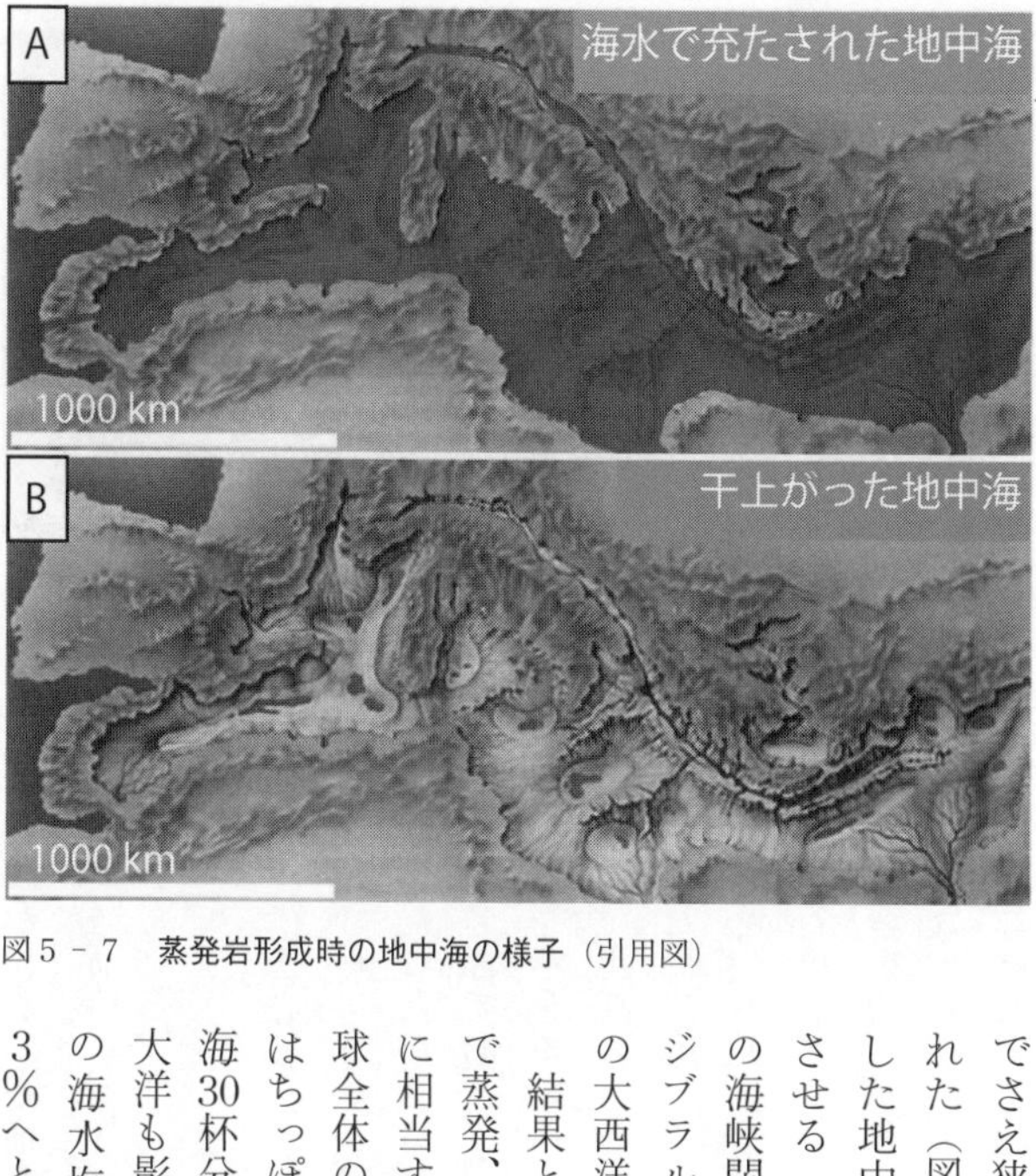

図5－7　蒸発岩形成時の地中海の様子（引用図）

でさえ狭いジブラルタル海峡が閉ざされた（図5－7A）。巨大な蒸発皿と化した地中海は干上がり、蒸発岩を堆積させる（図5－7B）。しかも一度きりの海峡閉鎖と干上がりだけではすまず、ジブラルタルはときどき決壊し、大量の大西洋の海水を流入させた。

結果として、地中海を満杯にした上で蒸発、というのを30回繰り返した量に相当する蒸発岩が堆積し続けた。地球全体の海の体積と比較して、地中海はちっぽけなものだが、さすがに地中海30杯分もの塩分を集めると、ほかの大洋も影響を受ける。この時代、大洋の海水塩分濃度は3・5％から3・3％へと低下した。そしてこの大事件

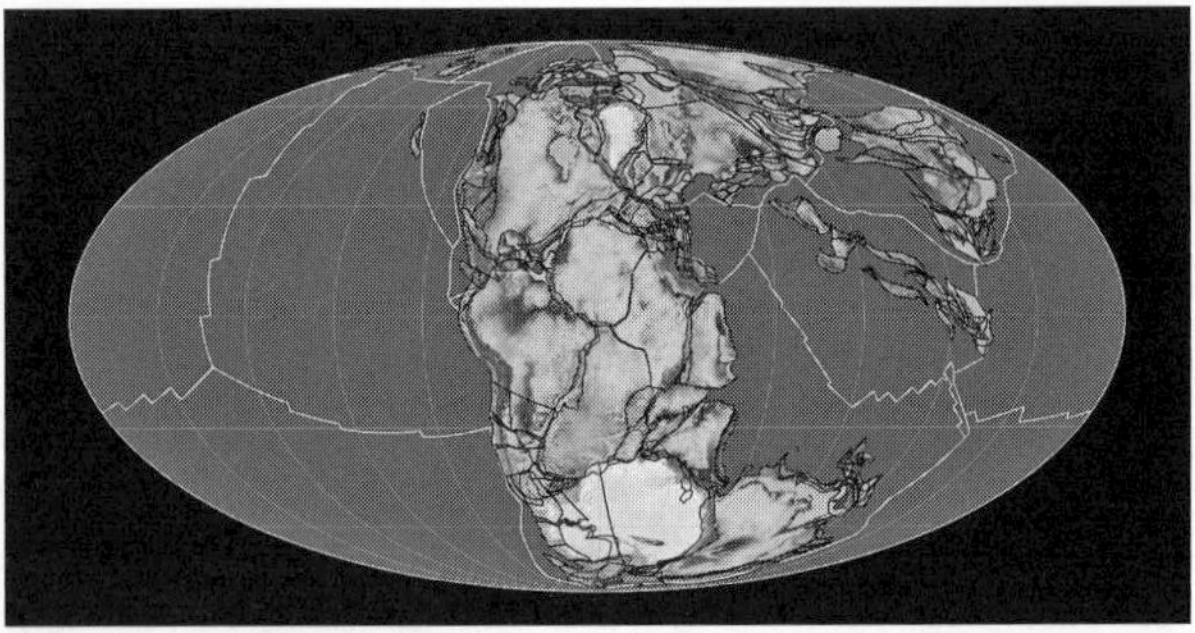

図5－8　2億年前の海陸分布（引用図）
中央の巨大な大陸はパンゲア。

は、これが起こった地質時代名が冠され、「メッシニアンの塩分危機」という地学マニアをくすぐる名称がつけられている。

大西洋が生まれたころ

時代はさらにさかのぼる。パンゲアという言葉を一度は聞いたことがあるだろう。これはかつて存在した超大陸の名称である。図5－8には2億年前のパンゲアの様子を示している。巨大な大陸とそれを取り囲む巨大な海。現在の大陸の境界線も示されているので、どこがどこに対応しているのかわかるはずだ。

1492年8月3日、イタリアの探検家コロンブスとその一行はジブラルタル海峡のやや西、パロス港から、抑えきれない興奮のなか旅立った。彼の視線の先には広大な大西洋が広がっていたが、パンゲアの時代、その大西洋はない。超大陸が割れ、その割れ目に海水

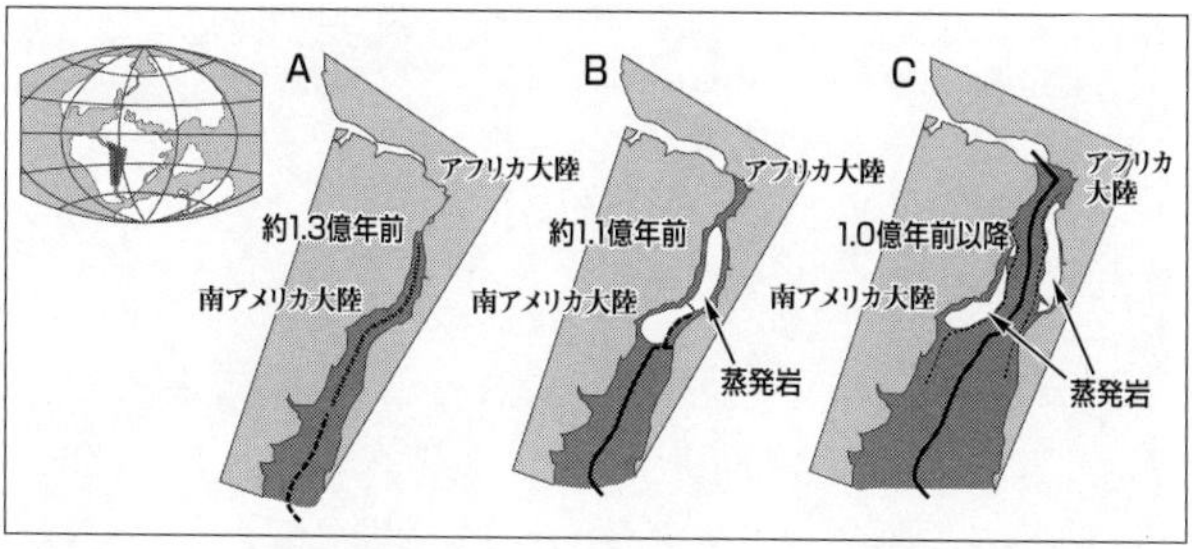

図5－9　**大西洋の蒸発岩のでき方**（引用図）
誕生したばかりの南大西洋で生成した蒸発岩はプレートの拡大に伴い分割され、現在は大西洋の両岸に分布している。

が侵入し、それが徐々に広がり大西洋になった。そして、現在も年に数cmの速度で大西洋は拡大し続けている。

実は、この「超大陸が割れ、その割れ目に海水が侵入」した時代、すなわち大西洋がまだ狭い海洋であったころ、先に紹介した「蒸発岩が形成される三条件」が見事に成立したのだ。前期白亜紀のアプチアンという時代である。今から約1億2000万年前（図5－6）。

蒸発岩が形成された時代の南大西洋の様子は図5－9のとおりだ。狭い、そして北が閉じられている。南は開け、外洋とつながっているが、海水の流通を遮断するように壁（海台という）が発達している。これが外洋と海水の行き来を制限した。

その結果、膨大な量の蒸発岩が形成された。その上を粘土層などが覆い尽くせば、蒸発岩は海水と切り離され、溶けずに地層中で保存されるのだ。現在も大西洋の両側にこのとき作られた蒸発岩が残っている（図5－10）。

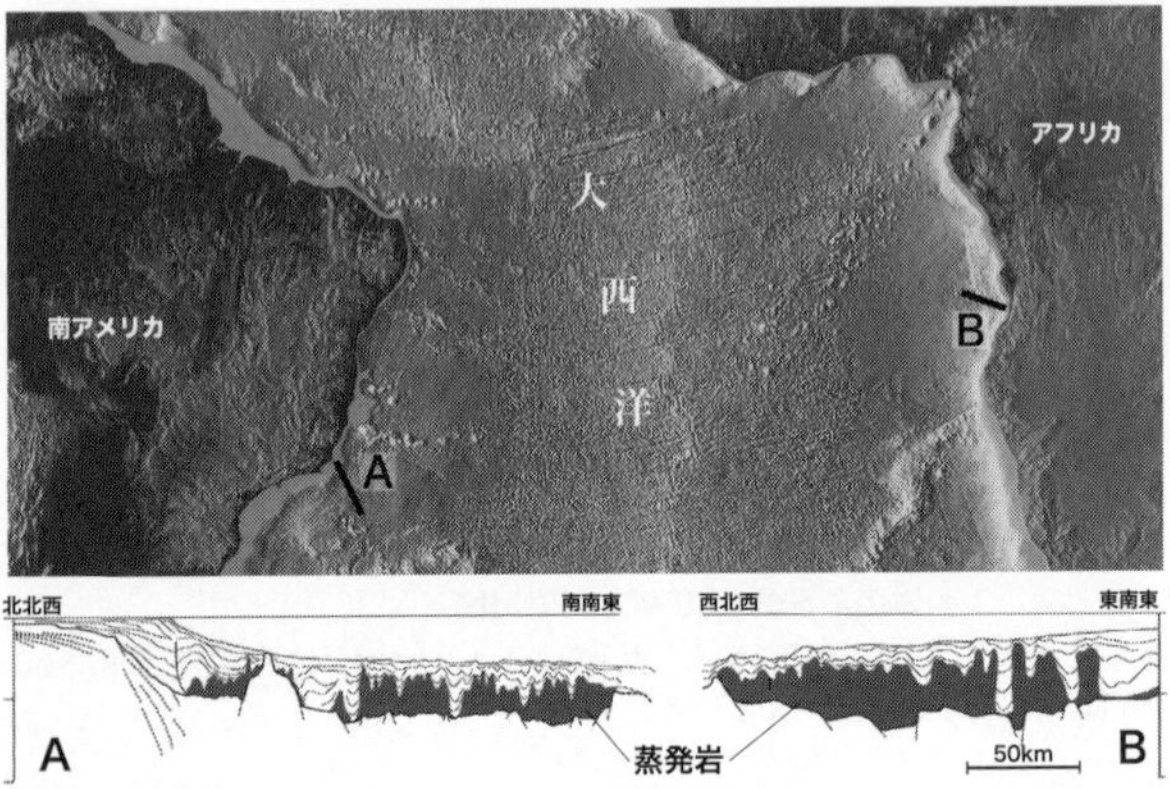

図5－10　大西洋の両岸に分布する蒸発岩（引用図）

海の水はなぜ塩辛くなりすぎないのか？

ここで挙げた地中海や大陸の割れはじめのように、うまく海水が大洋から切り離され、蒸発が盛んであれば、大規模な蒸発岩が形成されるのである（図5－4）。紹介した以外にも、紅海、北海、メキシコ湾などでは、海中の地層のなかに岩塩が眠っている。

また詳しくは述べないが、砂漠と海が接しているような極端な乾燥地域では、砂浜に定常的に塩が析出している。先にみたオーストラリアのデキソン島の砂浜版である。

海が切り離される変動では短期間で大規模に、乾燥地域の砂浜ではゆっくりと着実に、海水に溶けていたナトリウムイオンが取り除かれる。先ほどの疑問、「海の水はなぜ塩辛くなりすぎないのか?」への答えである。

4 日本列島の塩

日本海が産声をあげたころ

ここまで全球規模で、「海の水が塩辛い理由」と「塩辛くなりすぎない理由」についてみてきた。そろそろ日本列島の塩に目を向けてみよう。

先に、日本列島には塩の地層はない、と述べた。しかし、よく考えてみると、ちょっと不思議でもある。パンゲアが割れて蒸発岩が作られたのだから、日本列島がユーラシア大陸から分離するときにも、それができてもよいのではないか。ここで、蒸発岩ができる・できないという視点で、日本海の形成を整理してみよう。

大陸から分離途上の日本列島の様子は先に示してある(図2-2)。約2300万年前、大陸には割れ目が入り、いくつもの盆地ができていた。やがて、この盆地がさらに広がり、ついには海とつながって海水が流入し、細長い入り江となった。ここでもし大西洋と同様に、先の三条件をクリアし、蒸発岩が作られれば、現在の日本海側の地層のなかには大量の岩塩が眠っていただろう。われわれの食卓にも日本海産の天然岩塩が並んでいたかもしれない。

しかし、蒸発岩は作られなかった。むしろ、この細長い入り江には大量のカキが棲息していた。細長い入り江に淡水が流れ込み、それが海水とまじり、やや塩分濃度の低い汽水環境が成立していたことがわかる。

「湿った列島」での塩作り

かくして、岩塩が存在しない、ユーラシア大陸の東にある「湿った列島」での塩作りが運命づけられたことになる。ただし、周りに海はある。原料は無尽蔵だ。

日本列島で行われていた製塩は大きく二つのプロセスに分けられる。まず、海水から大量の一次濃縮物を作り、それをもとに高濃度の塩水（鹹水《かんすい》と呼ばれる）を作る過程。つぎに、この鹹水から塩を取り出す工程が続く。

列島での製塩の歴史は、出土する製塩土器（製塩用に特製された土器）にその端緒をみることができる。まず、縄文時代後期末葉、海水で充たされていたころの現在の茨城県、霞ヶ浦南岸で始まったようだ。縄文時代の製塩で鹹水をどのように得ていたかは、明らかになっていない。文字記録が残されるようになってからは、「藻塩《もしお》」「塩焼きの藻」などの表現が見られるようになる。藻に海水をかけ、それを乾燥させる方法がとられたようだ。この「藻塩」

図5－11　関東から九州、地名に「塩」がつく土地（地理院地図）
製塩が行われていたところはもちろん、塩が運ばれた「塩の道」に沿って、また、塩分を豊富に含む温泉が湧くところなどにも「塩」のつく地名がつけられた。

という言葉の響きは、日本人には好ましいものだったらしく、『古今和歌集』などに多数登場する（村上正祥「日本の古代製塩（下）」）。

藻の使用は徐々に廃れ、海岸の砂浜の砂を利用した塩田が登場する。その形態は、自然浜、揚浜《あげはま》、入浜《いりはま》と移り変わっていく。その詳細をここでは追わないが、重要な点は、海水で濡れた砂が天日と風で乾かされ、塩まみれの砂ができる、という点である。天日で乾かすのであるから、雨が少なく天気がよいところのほうが効率がよい。

日本列島では北海道を除く各地で、塩田による製塩が行われた（図5－11）。時がくだり江戸時代も宝暦・明和（1751年～72年）のころになると、全国生産額の90％が瀬戸内に集中していた。いわゆる瀬戸内十州の成立である。

十州とは、阿波、讃岐、伊予、播磨、備前、備中、備後、安芸、周防、長門であり、最盛期の文化年間（1804年～18年）には、これら十州合計で2500の塩浜があり、面積は2500町歩を超えた（渡辺則文「前近代の製塩技術」）。これは、東京ディズニーランドやユニバーサル・スタジオ・ジャパン50個以上に相当する。その広大で平らな土地で太陽の光を受け、日本人が使う塩のほとんどを賄っていたことになる。まだ近代気候学は成立していなかった時期だが、「湿った列島」（第4章）のなかでも、「いくぶん乾燥している場所」を上手に選んでいることがわかる。

つづいて、塩まみれになった砂から得た鹹水を煮詰めて、塩を取り出す過程を考えよう。その容器として、古くは製塩土器が使用されていたが、8世紀には塩竈《しおがま》へと移行していった（渡辺、同右）。塩竈は、鉄製か石製であった。地域性が明確であり、日本の塩生産の9割を担っていた瀬戸内では地元の花崗岩製の石竈が使われ、それ以外の場所では鉄釜が一般的であった。近世になると、この石竈は縦3m、横2・4m、深さ9cmと非常に大がかりなものとなる。

燃料はどのように調達したのか。代々、竈を焚く燃料としては薪《まき》が使われてきた。しかし、瀬戸内を中心に、安永・天明（1772年～89年）のころから石炭焚きが一般的になり、文政年間（1818年～30年）には、十州のおもな塩田では石炭に切り替えられた（渡辺、同右）。

北部九州の炭田から、船で運ばれてきたのだ。

なお、この薪から石炭への燃料移行の背景は、森林資源の枯渇ではない。当時、石炭は豊富に存在し、薪と比べても値段が安かった。この大きな変化は、それまで薪を供給していた村々を極度の困窮に追い込み社会問題にもなった。嘆願運動にまで発展し、藩が調整に乗り出すほどだったが（渡辺、同右）、薪から石炭への流れはやむことはなかった。

ペリー来航時、黒船はもうもうと黒煙を吐き出していたが、その数十年も前から、瀬戸内地方の塩田では、石炭の黒煙は当たり前の光景だったのだ。ただ、燃焼で生じた熱エネルギーを力学エネルギーに変換するすべを知らず、そのまま熱エネルギーとして活用していた。この点が、19世紀初頭には蒸気機関が普及しはじめていた英国との大きな相違点である。

まとめ

植物は塩分を必要としないらしい。しかし、われわれ人間や動物にとっては必要不可欠で、ナトリウムは必須元素の一つに数えられている。どうしても摂取して身体に取り入れねばならない。

塩ほど場所によってその価値が変わるものは珍しい。無いところには徹底して無く、非常に貴重なものとなる。西アフリカでは、塩と交換されていたのは黄金である（ルイス・ダートネル『世界の起源』)。人間だけではない。ヨーロッパ・アルプスの山羊は、断崖絶壁が恐怖に映らないらしく、その岩肌に析出した塩を舐める。そして、江戸期の日本の山で働く人たちは用を足すことにも気をつかった。塩分を含む尿がオオカミを集めてしまうからである(宮本常一『塩の道』)。

一方、たとえ必須元素であっても、たくさん摂取すればよい、というものではない。唐突だが、「失敗リスト」から一つだけ紹介したい。図5-5に示したデキソン島の写真からさかのぼること約10年。まだ学生だったわれわれ(といってもとっくに成人している)は、はじめてのオーストラリア、シャーク湾でストロマトライトの海で泳いだ(当時は、世界遺産に指定されていなかったことはもちろん、誰一人観光客はおらず、立ち入りも制限されていなかった)。

そして、近隣のシェル湾でビーチ全体が小さな貝殻で覆われていることに驚き、モンキーマイアで野生のイルカを間近で見た。小さな興奮に包まれ、その日の記念に、キャンプの夕食ではビーチで汲んできた海水でパスタを茹でてみることにした。シェル湾の海水だ。結果は悲惨。一口味見をした瞬間、われわれの脳は猛烈な危険信号を発した。漬物の一片ならまだしも、パスタではだめだ。アルデンテを完全に無視して、再度、大量の真水で湯を沸かし、それでぐつぐつ煮なおさないと、とても食べられた代物ではなかった。

ここであえて若気の至りを披瀝するまでもなく、永年の進化の結果か、口に含んで「心地よい」と思える塩分濃度は、非常に狭く設定されているようだ。そして、われわれの身体は神経系と内分泌系の働きにより、恒常性が維持され、体液中の塩分濃度も一定に保たれている。

そろそろまとめよう。日本列島には岩塩は分布していない。しかし、海岸線はどこからもそれほど遠くはない。最長でも直線距離で１１５㎞。われわれはこの大陸の東の湿った列島で、塩作りを運命づけられた。太陽の力を最大限に利用すべく、たくさんの工夫がなされてきたが、工程の最終段階では燃焼による熱エネルギーに頼らざるをえなかった。焼《く》べるものは、時代によって薪から石炭へと変化した。

現在の製塩業では、天日ではなく、電力でイオン交換膜を駆使して鹹水を作っている。もはや、太陽がさんさんと輝く、平らで広大な塩田は使われなくなったのだ。しかし、一部の元塩田は、白く輝く塩の代わりに、ソーラーパネルで覆い尽くされ、今も太陽の光を集めている。

第6章　森林・石炭・石油――列島の燃料

1　火のちから

焚き火小説に駄作なし

ある日、気分転換にSNSを眺めていたら、こんな文章が飛び込んできた。「焚き火を描いた短編小説、名作しかない説」。これはなぜか心にひっかかった。その方が挙げていたのは、ヘミングウェイ「二つの心臓の大きな川」、志賀直哉「焚火」、ジャック・ロンドン「火を熾《おこ》す」、スタインベック「朝めし」、村上春樹「アイロンのある風景」である。

私の本棚にあったのは、『神の子どもたちはみな踊る』に収められた「アイロンのある風景」のみだったので、それを再読してみた。はじめて読んでからもう20年以上経過しており、初読と変わらず新鮮。舞台は茨城の海岸沿いの小さな街で、世代も出自《しゅつじ》も違う者が、砂浜で焚き火に顔を照らしながら徐々に響きあっていく。

テレビが元気だった時代、「焚き火はキャンプのテレビ」と称された。今ならさしずめ「キャンプのスマホ」だろうか。要するに、何時間でも眺めていられるということ。ただし、静かに焚き火を眺めているときとスマホでせわしなくSNSやYouTubeを追っているときでは、心持ちはだいぶ異なる。実際、火を眺めることの心理的な効果については、科学的にも探究が始まっている。オール電化の建物が増え、火はわれわれの生活から遠い存在になったが、古典的な焼き芋だけでなく、焚き火調理は根強い人気がある。また一軒家を新築するとき、おやじの夢は薪ストーブだ。

検証はできないかもしれないが、一般に、われわれが飽きずに焚き火を眺めていられる背景には、人類と火との長く密接な関係があるといわれる。火はわれわれを他の強力な動物や寒さから守った。そして、そのままでは食べられないもの、消化の悪いものを加工した。細菌を殺し、食感を良くし、香ばしさを加えた。さらには、森林を一瞬で焼き尽くし、草原に変える働きまでした。炎を眺めつつ、これら原初の火との体験を思い起こしているのだろうか。さて、人間にとってこの絶対に欠かせないものである火は、いつから地球に存在するのだろう。

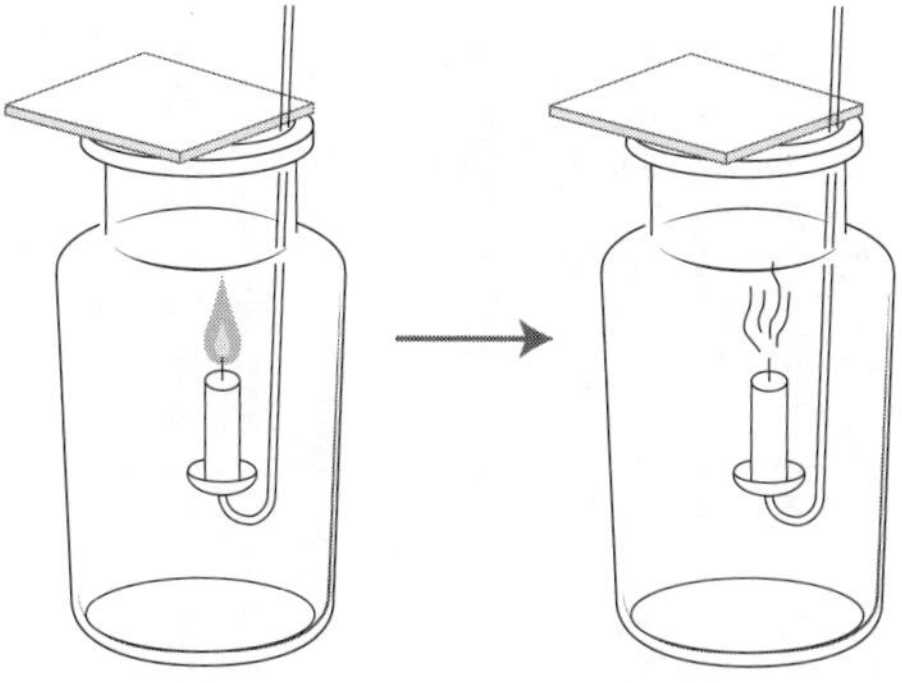

図6－1　集気瓶によるロウソクの燃焼実験

2　火のある地球と火のない地球

小学校理科「物の燃え方と空気」

小学校理科で、もし実験を苦にしない先生に教わったのであれば、集気瓶のなかでロウソクを灯す実験をやっただろう（図6－1）。最近は、気体検知管が安価に入手可能となったので、ロウソクが消えたあとの集気瓶内の気体の組成を児童・生徒が分析できるようになっている。

恥ずかしながら、つい最近、実験後の集気瓶の酸素濃度の値を目にして、驚いたのだ。ロウソクの火は、こんなに高い酸素濃度で消えてしまうのか。ロウソクに火を灯す前、すなわち通常の空気は窒素が78％、酸素21％、アルゴンが1％。ロウソクが消えたとき、酸素濃度はわずかしか減っておらず、16％程度であった。

当初の7割以上も酸素が残っているのに、燃焼という現象は止まってしまう。この酸素濃度では、さすがの空海さんでも護摩行《ごまぎょう》ができないし、京都の大文字焼きも大の字にならない。鉄が錆びていくようなゆっくりとした酸化と異なり、炎が生ずる燃焼という激しい酸化が続くためには、16%を超える非常に高い酸素濃度を必要とするのである。

これは密閉室内で起こった火災、という点でも研究が進んでいる。燃焼の三要素は、酸素供給体、可燃物、点火源とされ、このうち一つでも除去すれば火は消える。酸素濃度が21%から16%になっただけで、事実上、酸素供給体が断たれたことになるのだ。

地球の大気中酸素の歴史

これは「ふ〜ん、そうなんだ……」と素通りしそうになるが、大気中の酸素濃度を地球史の時間軸で追ってみると、重要な事実に気づく。酸素濃度でいうと、炎が生ずるような燃焼が成り立つのは、約4億年前以降のはなしなのだ。地球史の最初の42億年間は、火のない地球であったことがわかる（図6-2）。

ここで、地球の大気に含まれる酸素についておさらいしてみよう。そもそも地球の両隣りの惑星、金星・火星にはまったく存在しない酸素分子（O_2）が、地球では21%も占めているのはなぜだろうか。多くの方が、「地球には光合成ができる生物が存在しているから」と答

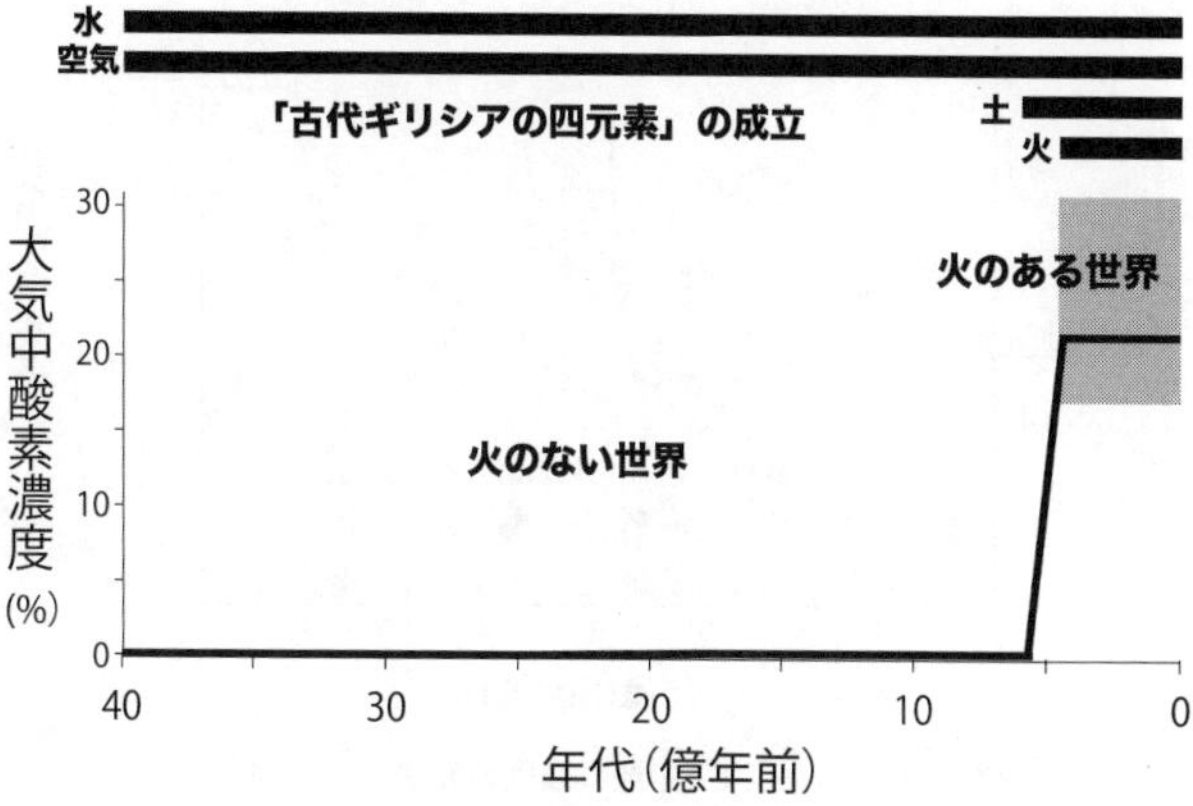

図6－2　**地球の大気中酸素濃度の変遷**
古代ギリシアの四元素（水、空気、土、火）の存在期間も併せて示した。

えるだろう。

この光合成をもっとも単純な化学反応式で表現してみると、以下のようになる。

$$CO_2 + H_2O \leftrightarrow CH_2O + O_2$$

二酸化炭素 ＋ 水 ↔ 有機物 ＋ 酸素

この反応が下に進行するのが光合成、上に進行するのが燃焼（酸化分解）である。この反応式からわかるのは、光合成が大規模に進行すること、そして生成された有機物が酸化分解されないことが重要という点である。いくら光合成が起こっても、同じ速度で反応が下から上へと進む有機物の酸化分解が起これば、大気中の酸素は増えない。別な表現を使えば、大気中の酸素が増えるためには、光合成で形成された有機

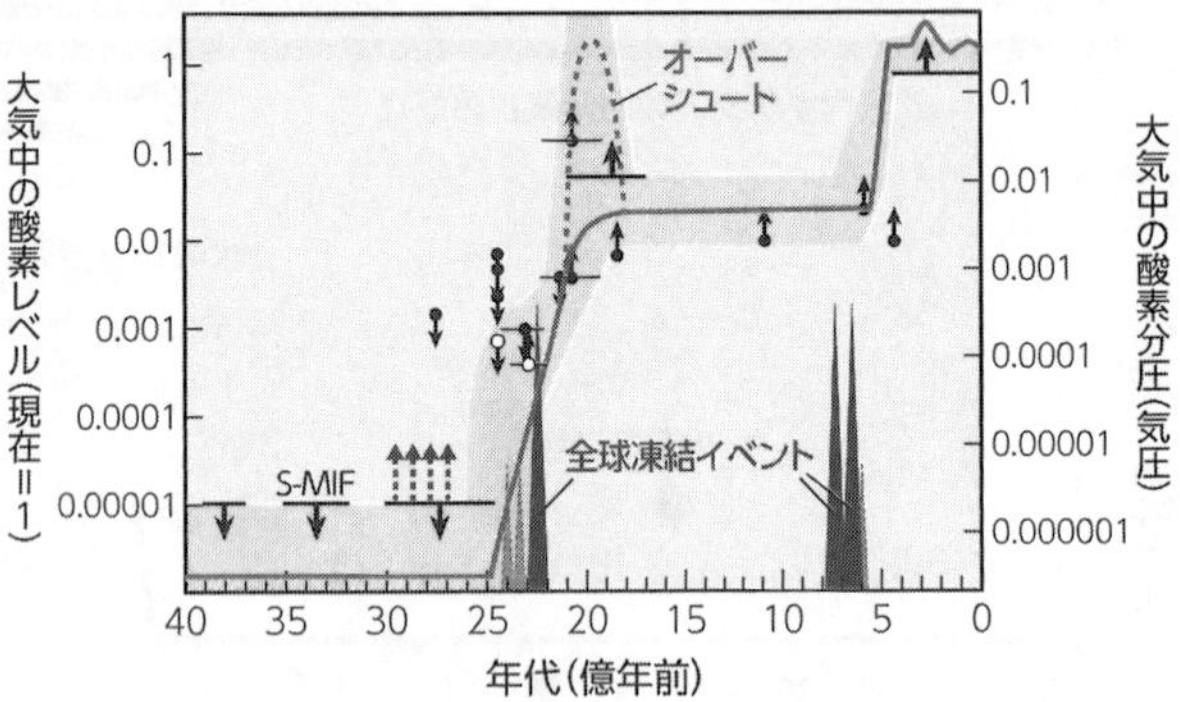

図6－3　地球史を通した大気中酸素濃度の変遷（引用図）

物が大気中の酸素と接する機会がなくなること、すなわち、地層のなかに埋まってしまう必要がある。

近年の地球史の研究によると、これがとくに大規模に起こったのが、約24億年前と約7億年前である。これらの大気中酸素濃度の急激上昇は、地球表層が完全に凍りついた全球凍結との関連が指摘されている。本書では詳説しないが、全球凍結からの回復後、爆発的なプランクトンの発生・埋没が大量の酸素を生み出した、と考えられている（図6－3）。

そして酸素濃度が高くなったなか、生物の進化が進み、地球上のバイオマス（生物体量）も増え、それらが地中に埋没することでさらに大気中酸素濃度は高まり、現在まで高いレベルを維持している（図6－4）。この地中に埋もれた有機物のごく一部は、人間が利用しやすいかたちに変化し、人類の活動に欠かせない資源となった。のちに紹介するいわゆる化石燃料である。

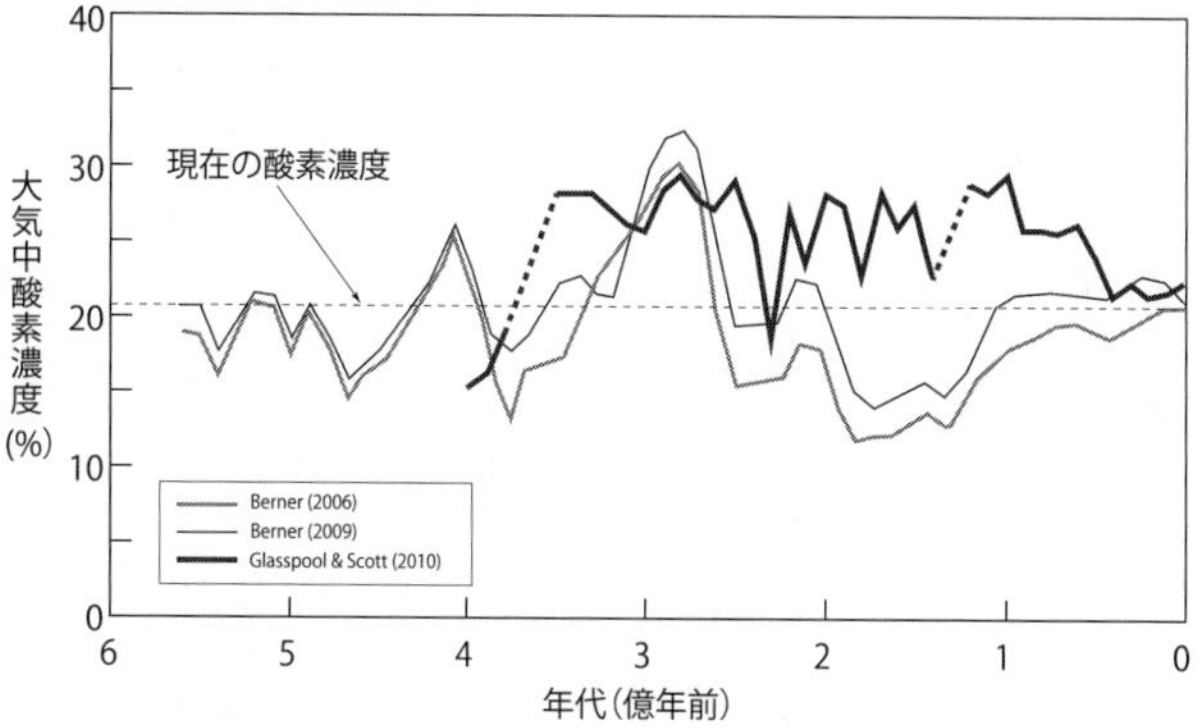

図6－4　**顕生代における大気中酸素濃度の変遷**（引用図）
研究者によって、様々な見積もりがあることがわかる。

ちなみに、この図6－3は一見すると、十数億年前にはかなりのレベルまで酸素濃度が上昇していたように見えてしまう。しかし、縦軸は対数であり、十数億年前の酸素濃度は、現在の数十分の1である。縦軸を線形で表現したのが図6－2で、こちらのほうが、通常の感覚として捉えやすいかもしれない。

古代ギリシア人は、この世界の物質は、火・空気・水・土の四つの元素から構成されると考えた。しかし、この四つとも、世界が始まったときからずっと存在していたわけではなく、火は土とともに、「最近」の流行にほかならない（図6－2）。人類は、この新しい流行である火を、唯一自在に扱うことができる生き物である。その技を会得して以降、生態系は大幅に改変され、それ以前と比べ、人類はまったく別の生態学的な地位に上りつめた。口に入るものは火が通っていることが前提となり、自然、腸は短くて済み、腸が使っていたエネルギーを脳へ回せることとなる。

本節ではまず燃焼の三要素のうち、酸素供給体の酸素という視点で考えてみた。続いて実際に燃えてしまうもの、可燃物について考えよう。

3　列島の森林

芭蕉が旅をしたころの山

「雲巌寺《うんがんじ》に歩を運ぶことにしたところ、人々も勇み立って互いに誘い合わせ、一行中には若い人々が多く、道中賑やかに談笑しあって、知らない間にその寺のあるふもとに着いてしまった」

この文章を読んで、雲巌寺とは、どのようなところにあるお寺とイメージされるだろうか。往来の多くが若者であり、みな楽しく賑やかに談笑しながら歩みを進める土地柄。よく知られ、人が頻繁に行き交うところ、という印象ではないだろうか。

この一節は、芭蕉の『おくのほそ道』の現代語訳（潁原退蔵・尾形仂（訳注）『おくのほそ道』）からの引用で、雲巌寺は八溝山《やみぞさん》の栃木県側、大田原市に今現在も存在している。芭蕉が滞在していた黒羽の中心部からは約11㎞の道のりだ。幸い自宅からさほど遠くないので、週末、行ってみた。風光明媚。ただ、当時、芭蕉が歩いたルートは現在は人通りも少ないし、車の往来もさほどない。少々寂しい感じが拭えない。しかし、江戸時代、この山は賑やかだったのだ。この八溝山に限らず、当時の日本の山々は賑わっていた（富山和子『日本の米』）。

芭蕉が『おくのほそ道』の旅をした江戸時代の元禄のころ、日本の人口は約３０００万人。そして世界人口は約6億人。世界の20人に一人が日本人、という計算だ。人口世界シェアでいうと、日本人の割合はこの時代がもっとも高かった（磯田道史『日本史の内幕』）。ちなみに、現在は約２％。日本人は50人に一人となっている。

そして、日本の人口はこの元禄の３０００万人で頭打ちとなり、そのまま明治維新を迎える。人口が再び上昇に転じるのは、化学肥料を多用できるようになり、食料生産が飛躍的に増加してからである。逆にいえば、化学肥料に頼らずに、この日本列島で養える人口は３０００万人、となる。生態学的な「最大」人口ともいえるのかもしれない。

化学肥料が普及する以前、山は各種資源の供給地であった。おじいさんは山へ柴刈りに行かねばならなかった。火をおこす薪はもちろん、肥料としての下草《したくさ》などを集める場所、また木の実やきのこ、小動物を得る場所でもあった。柴刈りのおじいさんのみならず、老若男女みな、山へつどった。芭蕉も山の賑わいのなか、雲巌寺を訪れた。

豊かな自然――訪問者の驚き・嘆き

日本列島の植生はとても豊かである。はじめて列島を訪れた訪問者がそれに驚き、場合によっては自国との相違を嘆く、という場面に出会うことがある。

3世紀末頃の中国で書かれた『魏志倭人伝』には、末盧国《まつろこく》（現在の佐賀県の唐津市付近と考えられている）は草木が茂りすぎていて、前を行く人の姿すら見えない、という記述がある。また、司馬遼太郎も幕末の開国直後に日本を訪れたフランス人の印象を紹介している（司馬遼太郎『街道をゆく　3』）。「日本人はこの稔りの豊かな国を神からあたえられて国土経営についてのさほどの苦労もせずにこんにちにいたっている。神は不公平ではないか」と憤懣《ふんまん》やるかたない様子だ。外からの目でみると、列島の土地は肥え、緑豊かな天与の沃地に恵まれた国なのである。

実は、このフランス人が訪れたころは、日本列島の山々がもっとも荒廃していた時期であった（太田猛彦『森林飽和』）。人口3000万人を支えて百数十年、生活の基盤であった山々は荒れていた。たしかに、幕末に描かれた浮世絵の風景を見ても、鬱蒼《うっそう》とした森は描かれておらず、低木がわずかに残っているのみだ。禿《は》げ山も多かったようである。

結果、土砂の流出が激しく、川は土砂で溢れ、洪水も増加、受け皿である海では、砂浜がどんどん拡大していた。現在は、どこの自治体も海岸侵食に手を焼き、痩せ細る砂浜の維持に対策を講じているが、山が荒廃していたころは、逆に押し寄せてくる砂に皆が困り果てていたのだ。

一方で、計画的な伐採と植林を厳格に守っていたところでは、森は保たれていた。前章で触れた製塩の塩竈用の山、のちの第7章で扱うたたら製鉄の山などである。日本列島の森は、きちんとした管理がなされていれば、持続可能な資源の供給地なのだ。

森林が保たれる列島

それではなぜ、日本列島ではきちんと管理さえすれば、豊かな森が保たれるのだろう。ジャレド・ダイアモンドが『文明崩壊』のなかで、その理由を一文でうまく総括している。「日本では、降雨量の多さ、降灰量の多さ、黄砂による地力の回復、土壌の若さなどのおかげで、樹木の再生が早い」

また、「ほかの社会では多くの土地の森林を荒廃させる原因となった、草や若芽を食べてしまうヤギやヒツジがいなかったこと」も付け加えていた。

大陸の東、大洋の西の中緯度、大陸からの距離はさほど遠くなく、間氷期には大陸と列島のあいだを暖流が横切るという環境（第4章）は豊富な天水をもたらし、乾燥した大陸からは黄砂が飛んでくる。プレートが運び込む地下深部からの水のおかげで火山活動が活発（第3章）で、その噴出物は列島の広範囲を覆っている。これは、大陸分離後の「列島改造」を担った新しい岩石の風化・侵食によって生まれた砕屑物《さいせつぶつ》とともに、土壌のもととなる。

西アジアではすでに1万年前には家畜化されていたヤギ・ヒツジが日本へ持ち込まれたのは数百年前であり（田名部雄一「ヒトと他の動物との共生の歴史」）、現在にいたるまで主要な家畜とはなっていない。最終氷期の最寒期（約2万年前）に場所によっては3㎞を超える厚い氷に覆われた北米や北欧では、分厚い氷床の移動により土壌が運びさられただけではすまず、その下の岩盤も削られた。その時期、日本列島は山岳氷河がわずかに発達したのみで、ほとんどの地域では氷による削剥《さくはく》をまぬがれ、土壌が温存された。

このように、ただ一つの要因によるものではなく、複合的で複雑・微妙なからくりの積み重ねで、植生が豊かな列島が成立し、化学肥料もない時代、3000万人も養うことができたわけだ。

4　湿った大陸からの遺産——「黒いダイヤ」石炭

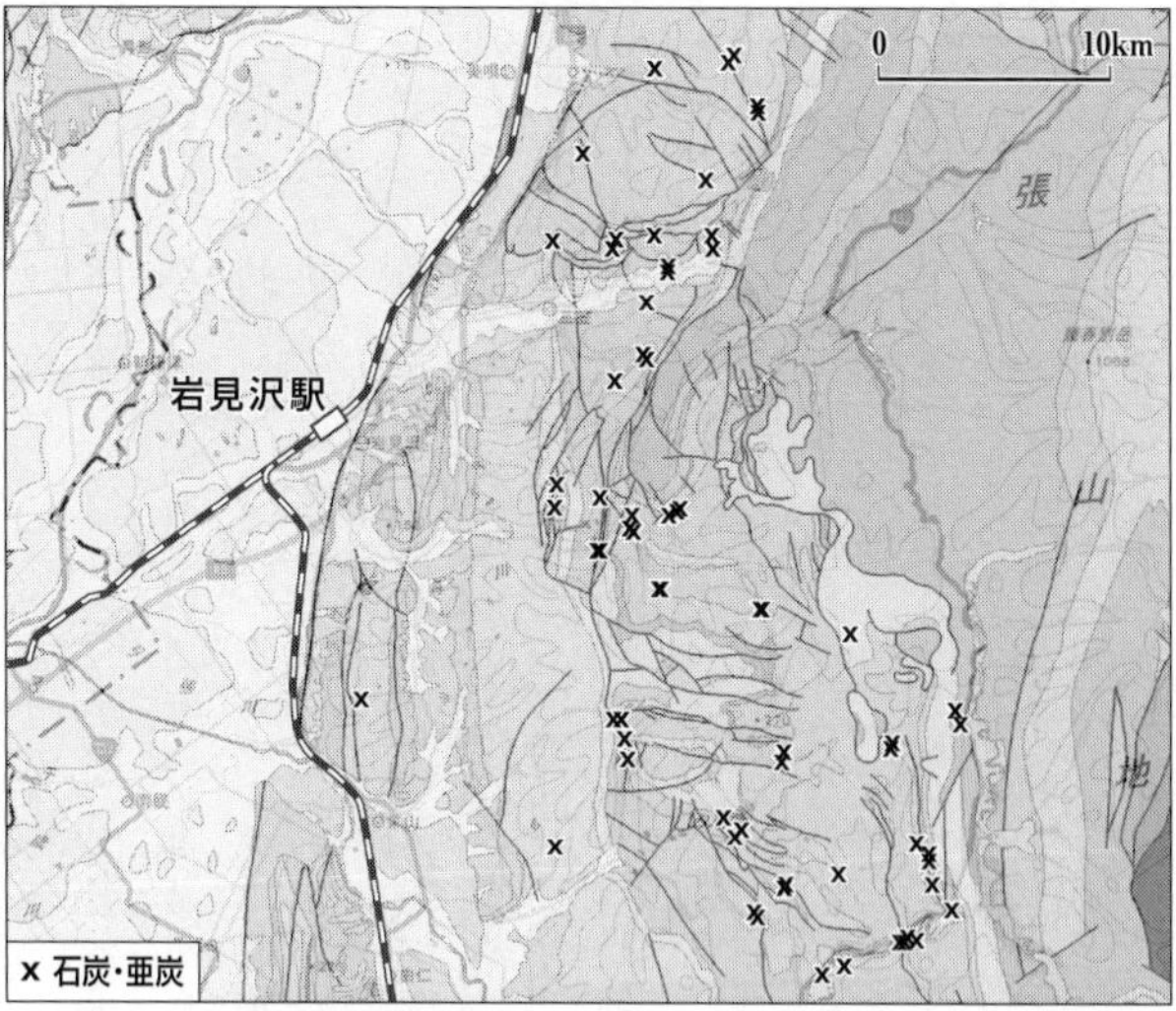

図6－5　石狩炭田に分布する多くの炭鉱と岩見沢駅（地質図Navi）

炭田の発見

北海道の岩見沢駅に、かつて東日本最大の操車場があったと教えてくれたのは六角精児さんであった。NHK番組の『呑み鉄本線・日本旅』は学ぶところ大である。操車場とは、貨物列車などの編成・分離・入れ替えなどを行う場所だ。それにしても、なぜ岩見沢が東日本最大だったのか。地図を見直して、ようやく意味するところを理解できた。石狩炭田の各炭鉱からの引き込み線が岩見沢駅に集結していたのだ（図6－5）。

この石狩炭田を発見したのは、明治初期のお雇い外国人の一人であったべンジャミン・ライマンとその弟子たちである。彼らは川原で石炭の破片（流炭《りゅうたん》という）を見つけ、それを上流へと追跡し、厚い石炭層を発見した。それだけに留まらず、綿密な地質調査を行い、地下に埋もれている石炭の埋蔵量を見積もった。第二次大戦後に実施された国内の石炭資源再評価によって、ライマンらの見積もりがきわめて高い精度であったことが判明している（相原安津夫《あつお》『石炭ものがたり』）。

ライマンが3年間におよぶ北海道での調査結果をまとめ、出版したのが明治9年（1876年）であるが、その8年後には岩見沢操車場の前身が誕生している。石狩炭田は石炭の埋蔵量で日本最大、炭鉱数も多く広範囲にわたっていたので、多数の引き込み線が岩見沢で会することになった。筑豊炭田、常磐炭田などの開発とも併せ、本格的な石炭時代の到来である。

石炭に罪はない

昭和40年代中盤の宮城の小さな町、私が通っていた小学校では、教室のストーブの燃料はコークスであった。ときどきコークスを運ぶ当番が回ってきて、必死に教室まで運んだ、というかすかな記憶がある。コークスは石炭そのものではなく、石炭を高温で蒸し焼きにしたものである。地域差があるのかもしれないが、１９７０年代以降に生まれた読者の方にとっては、コークスはもちろん、石炭も縁遠いものに感じるだろう。

そのように、なかなかわれわれの目に触れない石炭であるが、2020年現在においても石炭は世界の総発電量の約35%を担い、エネルギー種別で単独でトップの座を保つ、非常に重要なエネルギー源であることに変わりはない。

近年、地球温暖化が大きな社会問題となり、単位発熱量あたりのCO_2排出量が注視されるようになると、石炭は縁遠いだけでなく、「目のかたき」的な扱いをされるようになってしまった。しかし、それは批判の対象を間違っているとしか言いようがない。罪を負うべくは、ごく短期間のあいだに大量の石炭を燃焼させ大気に放出した人間であって、石炭ではない。

石炭のでき方

石炭を断罪する前に、石炭とは何か、どのようにしてできたのか、という点を考えてみたい。一言でいってしまうと、石炭はもとは植物であり、それが分解をまぬがれて地層中に埋没し地熱で蒸し焼きになったものである。すなわち、①まず大量の植物が存在し、その遺骸が溜まること、②植物遺骸が分解しないまま堆積物中に埋積すること、③酸素から切り離された状態で温度が上昇すること、が必要なのだ。

地球史を通し、それぞれの時代にどれくらいの面積の大陸が存在してきたか。これを見積もる仕事はなかなかの難事業である。近年では、大陸に典型的な花崗岩質マグマ中で成長するジルコンという鉱物の生成年代に基づく復元法が主流となっている。

それによると、第7章で紹介する世界中の海で鉄酸化物の沈殿が起こっていた約二十数億年前には、合計で現在の7割程度の広さをもつ大陸が存在していたという見積もりもある（沢田輝ほか「地球史を通じた大陸の成長パターンとその変遷」）。ただし、約二十数億年前の大陸と現在の大陸では、その様相はまったく異なる。約二十数億年前の大陸では植物が陸上へと進出していなかったからだ。

約12億年前以降、シアノバクテリアなどの開拓者が上陸を挑み、約9億年前には光合成をする真核生物が進出した証拠も提示されている。そして約5億年前、ついに植物が陸上で繁茂しはじめたようだ。そのあとの展開は早い。シダ植物の誕生・繁栄、そしてデボン紀後期から石炭紀にかけて「大森林時代」となった。大陸に最初の森が出現したわけだ。

その樹木を構成していた木々のなかには、高さ40mを超えるものもあったらしい。植物の大型化を支えたのは、リグニンという有機化合物である。この「大森林時代」が始まった約3億5000万年前、このリグニンを分解できる生物は誕生していなかった。

先に示した光合成の反応式、

二酸化炭素 ＋ 水 ↕ 有機物 ＋ 酸素

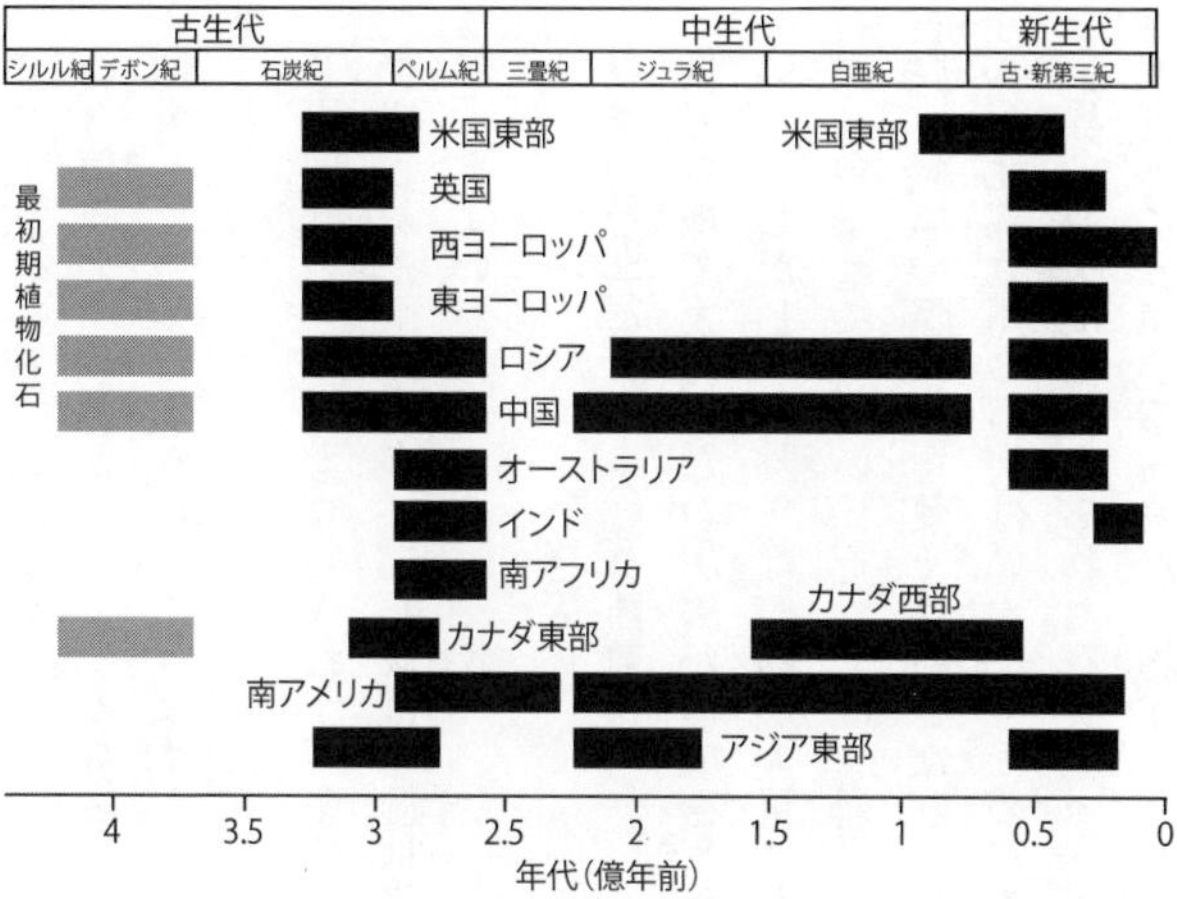

図6－6　**石炭ができた時代**（引用図）
石炭紀後期とペルム紀に大規模な石炭が形成されたことがわかる。

で考えると、リグニンについては反応が下に進む一方で、上に進められるものがいなかったことになる。そのため、地中には大量の有機物が分解されないまま埋没することになり、それがやがて石炭に変化したわけだ。

近代地質学発祥の地である英国で大規模な石炭鉱床が作られた時期は、石炭紀と命名された。この石炭紀という地質時代名は世界標準となったが、調査が進むにつれ、この時代のみに石炭が作られたわけではないことがわかってきた。現在の目でみると、世界的には、石炭の多くは、石炭紀の後期とそれに続くペルム紀に作られたことがわかっている（図6－6）。また、量的には少ないが三畳紀末以降にも世界の様々なところで石炭は生成されていた。

約3億年前、ついにリグニンを分解できる木材腐朽菌（きのこ）が誕生し、徐々に棲息域を拡大していったようだ。これはまさに一方的にリグニンが蓄積・埋没できる時代が終了したことを示す。

石炭層は、きのこも立ち入れず、すぐ大気中の酸素から切り離されることにもなる湿地帯で形成されたものが多い。石炭は、湿地帯で分解されず溜まっていった泥炭の化石と理解しておくとよいだろう。

日本列島の石炭——大陸分断前夜

世界各地で大規模な石炭層が形成された石炭紀やペルム紀の地層は、日本列島にも存在している。しかし、それらは植物が大量に埋没できるような湿地で溜まった堆積岩ではなく、石炭は含まれていない。それでは、岩見沢を東日本最大の操車場にするもととなった石狩の石炭、製塩の際に窯を焚く燃料となり、やがて三井や三菱など財閥の屋台骨を支えることになった北部九州の石炭はいつできたのだろう。

世界の巨大炭田が作られた石炭紀・ペルム紀が終了してから時間を隔てること約2億年、日本列島に分布する石炭は、約4000万年前〜2600万年前に作られた。地質学的には、

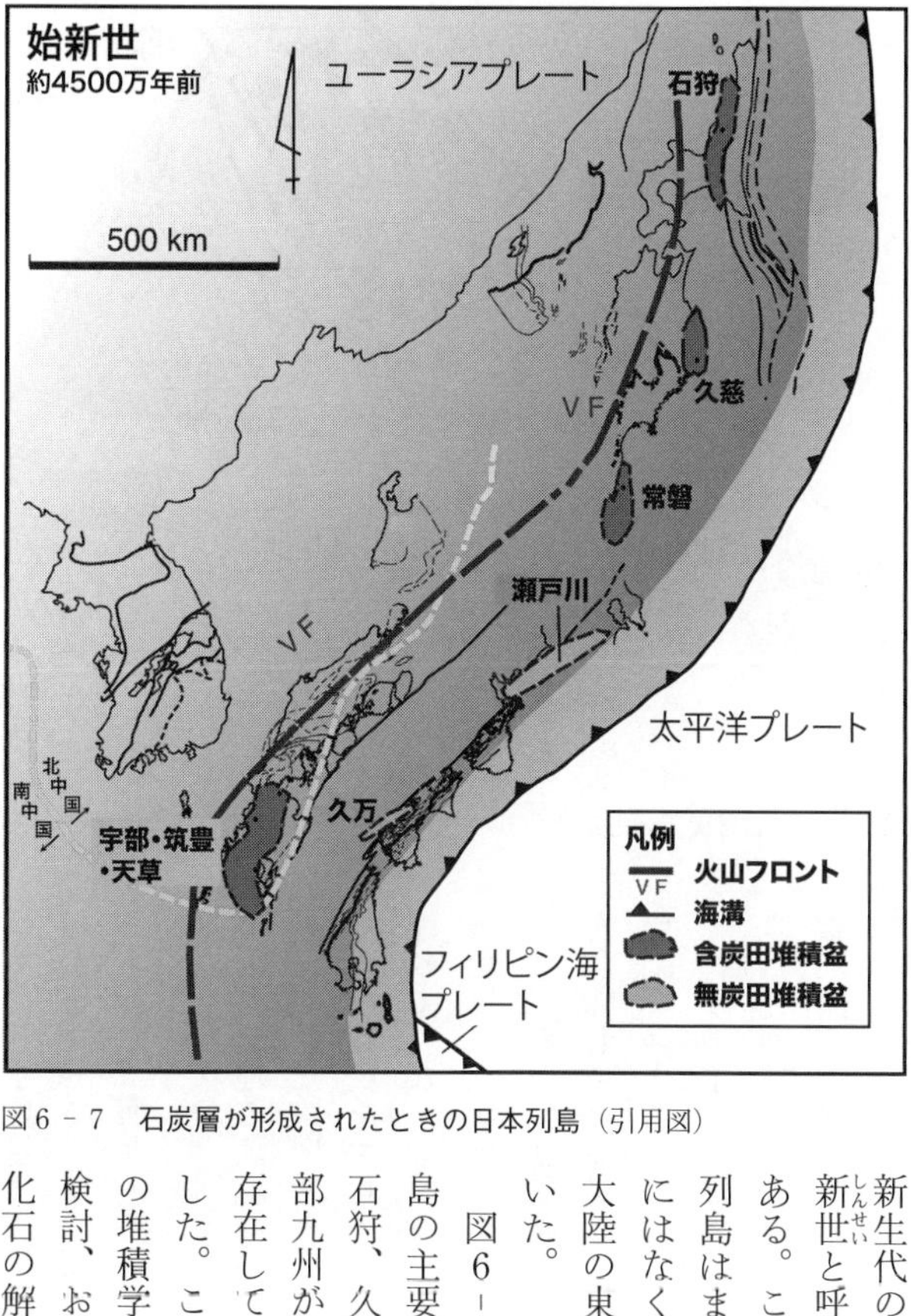

図６－７　石炭層が形成されたときの日本列島（引用図）

新生代の始《し》新世《しんせい》から漸《ぜん》新世《しんせい》と呼ばれる時代である。この時期、日本列島はまだ現在の位置にはなく、ユーラシア大陸の東端を形成していた。

図６－７には日本列島の主要な炭田である、石狩、久慈、常磐、北部九州が始新世当時に存在していた場所を示した。これら炭田地域の堆積学・層序学的な検討、および含まれる化石の解析の結果、石

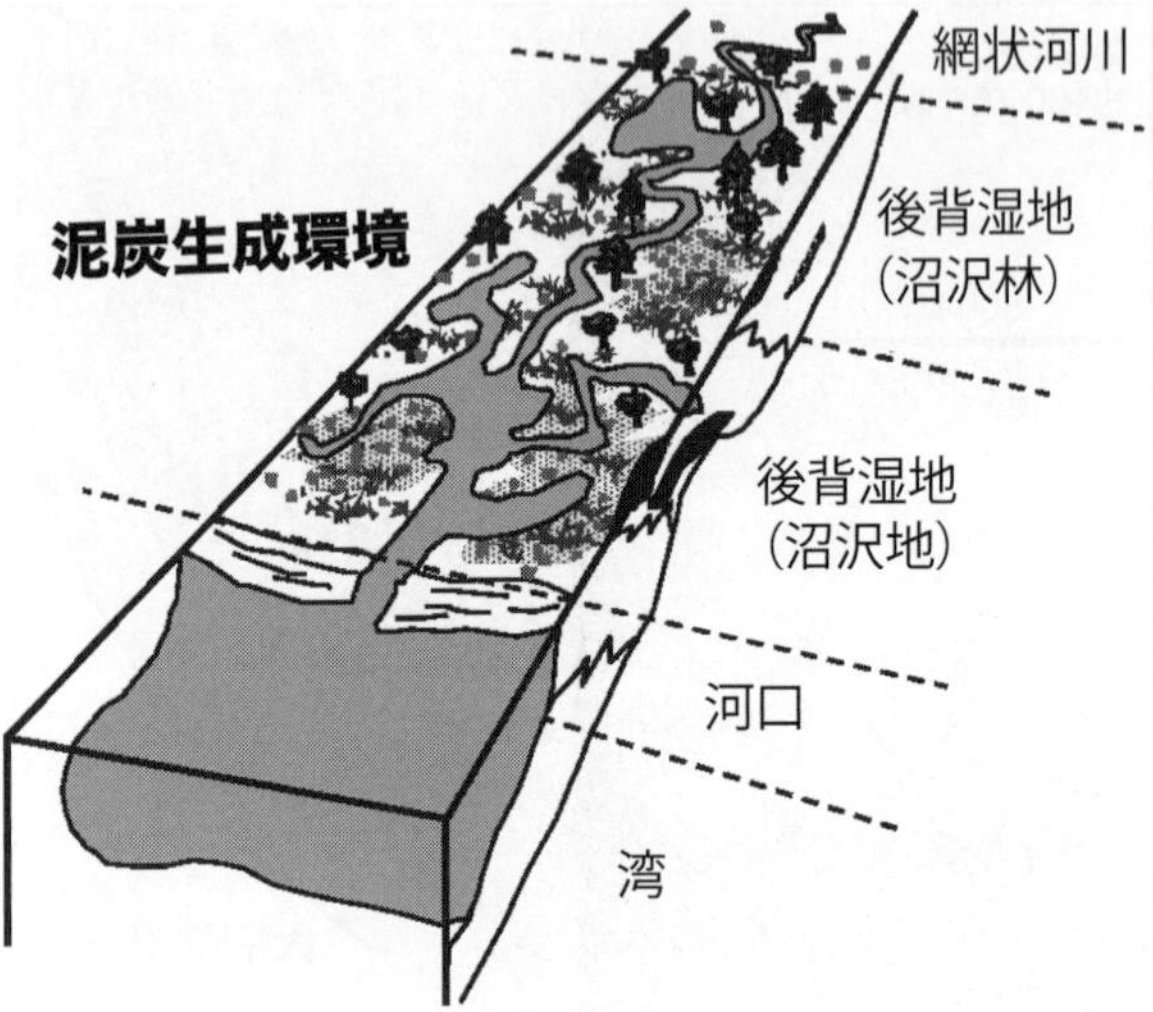

図6－8　石狩炭田の形成モデル（引用図）

炭層は淡水環境下で堆積したことが明らかとなっている。石狩炭田の例が示すように、海進・海退が繰り返されるなか、厚い石炭層は、現在の石狩地方が後背湿地の環境であったときに作られたようだ（図6－8）。

別な表現をすれば、海からそれほど離れていないところに、淡水で充たされた広大な湿地が広がり、そこに分解をまぬがれた植物遺骸が堆積したことを意味している。始新世～漸新世において、ユーラシア大陸の東の端は湿っており淡水で充たされた湿原が存在できた。前章で、大陸の割れはじめに豊富な淡水が存在し、岩塩が形成されなかったことをみたが、それと一脈通じている。この植物遺骸で充たされた湿原は、海水準変動の影響により海水が侵入し、砂岩や泥岩など砕屑性の堆積岩で覆われた。その結果、圧密を受けるとともに、地熱により石炭へと変化したことになる。

5　奈良時代、日本は産油国だった

真夏の未舗装道路と縄文人の知恵

真夏、雨が何日も降らず乾燥した状況下、未舗装のガタボコ道を車で走ったことがあるだろうか。まだ、車にはほとんどエアコンがついていない時代のはなし。スピードを出せそうな一本道だと、もういけない。土埃が濛々《もうもう》と巻き上がる。二台の車で連れ立って同じ目的地に向かって走るときには、かなり車間を空けないとだめ。アスファルトによる舗装道路のありがたさが身に染みる。

日本列島に最初のアスファルトによる舗装道路ができたのは明治11年（１８７８年）らしいが、その何千年も前から縄文人は天然アスファルトを大いに活用していた。東北地方を中心に、北海道から奈良まで広い範囲の縄文遺跡からアスファルトが記載されている（安孫子昭二「アスファルト」『縄文文化の研究8』)。おもな用途は、石器や漁撈《ぎょろう》具の接着剤・補修材、黒色顔料、副葬品などだったようだ。

縄文人も活用した天然アスファルトは、もともとは原油の一部である。原油は油井《ゆせい》から採取されたままの天然の石油であり、一般に黒褐色のどろどろした液体である。様々な炭化水素類を含むが、そのなかでも重質なものの集合体がアスファルトと呼ばれる。地表に露出する天然アスファルトは、地下から重質分に富む原油がしみ出し、変質したものと考えられている。一方、現在、道路の舗装化に使用しているアスファルトは天然ではなく、原油から工業的に生成されたものだ。

旧石器人~縄文人が黒曜石を使用していたことは高校の日本史教科書にも載っており広く知られているが、アスファルトについてはどうだろう。

縄文時代からだいぶ時期をおくが、奈良時代に成立した『日本書紀』には、天智天皇7年(668年)に越国《こしのくに》から燃える土と燃える水の献上とある。これが日本の史書に鉱物資源の産出が記された最初の例である(鈴木舜一「天平の産金地、陸奥国小田郡の山」)。この越国とは大化の改新以前の地域名であり、現在の山形県庄内地方から福井県敦賀市にかけての日本海に沿った地域を示すらしい。また、燃える土は天然アスファルト、燃える水は石油のことである。日本が石油の輸入を開始させて急速にその消費量を増していくのが大正時代以降なので、『日本書紀』から数えて約1200年後に、その使用を本格化させたことになる。

石油のでき方

石油は石炭同様、化石燃料に分類されている。先にみたように、石炭は湿地に堆積した植物の化石であった。それと対比させるとすれば、石油は何の化石なのだろう。ここでは、簡潔に海洋環境で石油が生成される過程をまとめてみたい。

石油が生成されるためにはいくつものステップがあるが、まずはプランクトンが大量に発生し、それが分解をまぬがれ地層中に埋没していく、という条件をクリアしなければいけない。これが効果的に起こるためには、海洋表層での生物生産性が高いほうが望ましい。われわれは学校で、窒素（N）、リン酸（PO_4）、カリ（カリウム、K）を肥料の三要素と学んだ。しかし、これは陸上の植物にとってのはなしである。海洋ではカリウムイオンは海水に豊富に溶け込んでおり不足していない。海洋では、窒素、リン酸、ケイ素（Si）が肥料の三要素となる。

海の表層では光合成が盛んに行われているので、これら三要素はたえず欠乏している。一方、これらは陸上の河川や地下水、海の深いところ（深層水）には、海洋表層と比較して、豊富に存在している。したがって、河川水・地下水が流入する陸の沿岸地域、もしくは海洋深層水が表層に運ばれる地域（湧昇域と呼ばれる）は、栄養がたっぷりとあり、生物生産性が高く、この最初の条件を満たしている。

つぎに、大量に発生したプランクトンが死んだのち、海水中を沈降し堆積物の表面に届くまでに分解せず、堆積物に埋没していく条件をクリアしなければいけない。現在の地球の海洋では、海水は活発に循環しており、表層も深層もよくかき混ぜられている。そのため大気から海水に溶け込んだ酸素が、表層水はもちろん深層部でも豊富に残っている。しかし、この「よくかき混ぜられる」ことが制限されると状況は変わる。地形的な要因によって、外海と海水の交流が制限される場所では、海水が淀み、海水中に酸素が含まれないという状況（無酸素水塊）が成立しやすい。

ただし、これら二つの条件を満たしただけでは、有機物に富んだ泥、いわゆるヘドロが量産されていくだけである。有機物が堆積物に埋没し、地熱で熟成されることが必要となる。一般には120℃～200℃ぐらいの範囲が望ましいとされる。これより低いと熟成が進まず、これより高いと石油ではなく天然ガスが主体となる。

植物とプランクトンという違いはあるが、ここまでは石炭の熟成の仕方と同様である。ただ、石炭は堆積した層準でそのまま石炭層に変化する。一方の石油は地層中にまばらに分散したままでは採鉱には適さない。より上位に移動し、多孔質の地層中に集中して溜まる必要

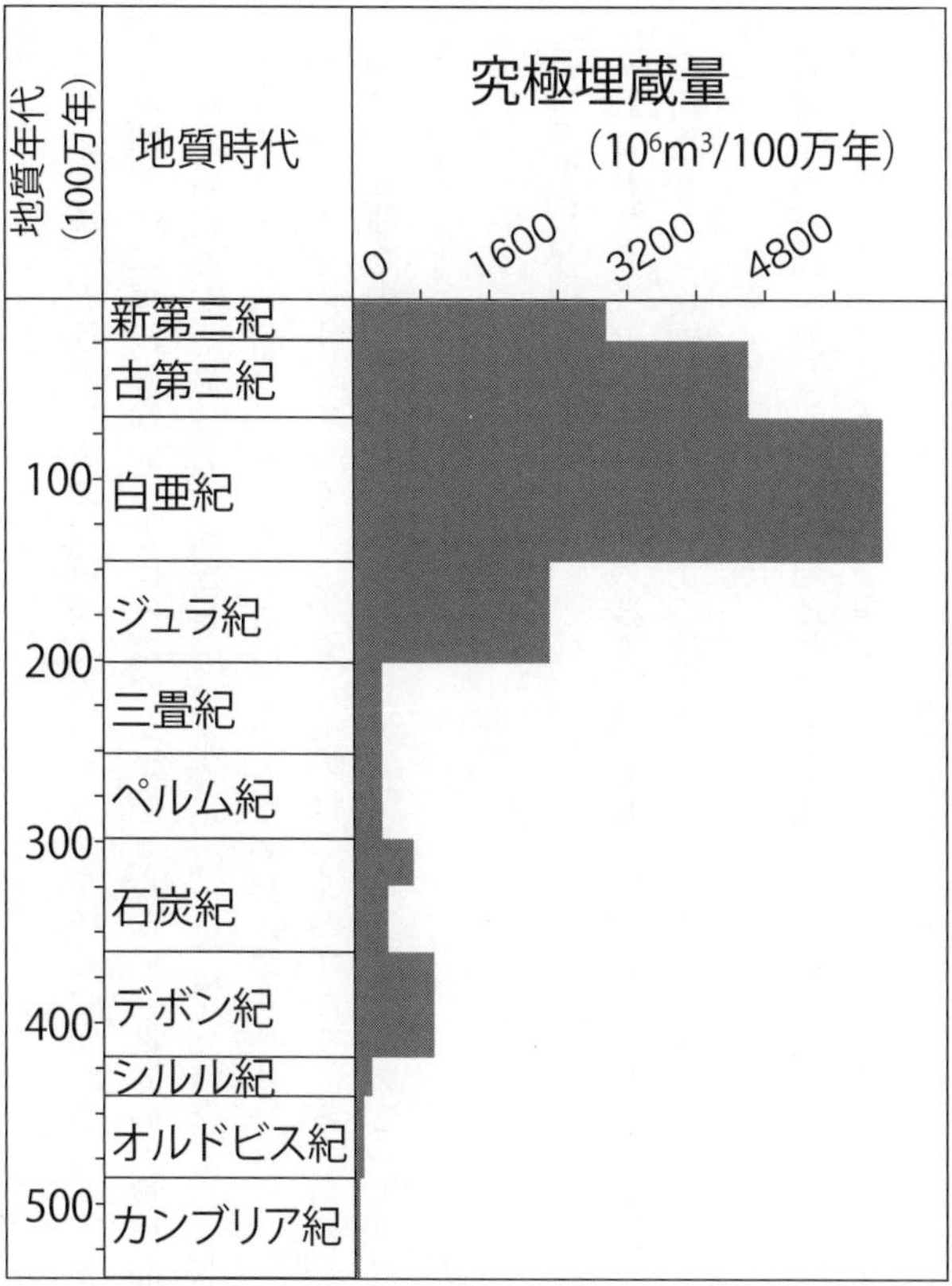

図6－9　世界の石油ができた時代（引用図）

がある。

このように、石油の生成には数多くのステップを経る必要があるが、まずは、大量の有機物が堆積物中に埋没しないことにははなしが始まらない。世界の大規模油田が、中生代のジュラ紀から白亜紀に発達した海洋無酸素事変の際の堆積物が根源岩（石油の元となった有機物が含まれていた岩石）となっているのはそのためだ（図6‐9）。

一方で、上記のすべてをクリアできるものはごくわずかである。われわれが、利用可能な石油は、堆積物中に埋没した有機物の0・01％という試算がある（田口一雄『石油はどうしてできたか』）。

日本海側に石油が分布する背景

それにしてもなぜボーリングの技術も発展していない奈良時代、越国で石油が得られていたのだろうか。越国の北に位置する秋田県を含め、秋田―山形―新潟は、日本有数の石油地帯である。その背景をみていこう。

日本産の石油に対し、広範な地球化学的研究が行われ、北海道の苫小牧周辺と三陸沖を除く、すべての油田は外洋〜湾・三角江で形成されたことが判明している。また、東北から越後にかけての日本海側の油田のおもな根源岩となっている女川層《おんながわそう》とそれに相当する地層に含まれる石油の起源は、海洋の珪藻が主であることが明らかになっている（早稲田周・西田英毅「原油のバイオマーカー組成からみた国内根源岩の特徴」）。

芭蕉が最上川を下り「水みなぎつて舟あやうし」と翻弄されたとき両岸に連なっていた岩石を思い出そう。あれは珪藻を多数含む珪質泥岩であった。現在の日本海の海岸線あたりに南北に連なる深み（図2－6）を埋め立てる手助けをしたのが大量発生した珪藻である。それは細長い深みゆえ、外海との海水の交換が滞り、海水中の酸素が欠乏して大量の有機物が埋没する結果となった。

細長い深みが有機物に富む地層で埋め立てられたあと、300万年前から始まった日本列島をメリハリのある地形にした運動が、石油の熟成に大きく寄与していた可能性が指摘されている。図6－10に基づいて解説してみよう。日本列島が大陸から離れ現在の位置に落ちついてから、秋田地域の細長い海盆には、下から順に、西黒沢層、女川層、船川層が堆積していった。堆積物の厚さは1000mを超えているが、この時点では熟成が進まず、女川層も珪藻起源の有機物に富む地層のままである（図6－10下）。

後期鮮新世末期には、その上位にさらに天徳寺層、笹岡層を溜めている。また東西圧縮が開始された結果、これらの地層が緩やかに褶曲《しゅうきょく》していることがわかる（図6－10中）。ただこの時点では熟成は最下層の西黒沢層でしか起こっていない。

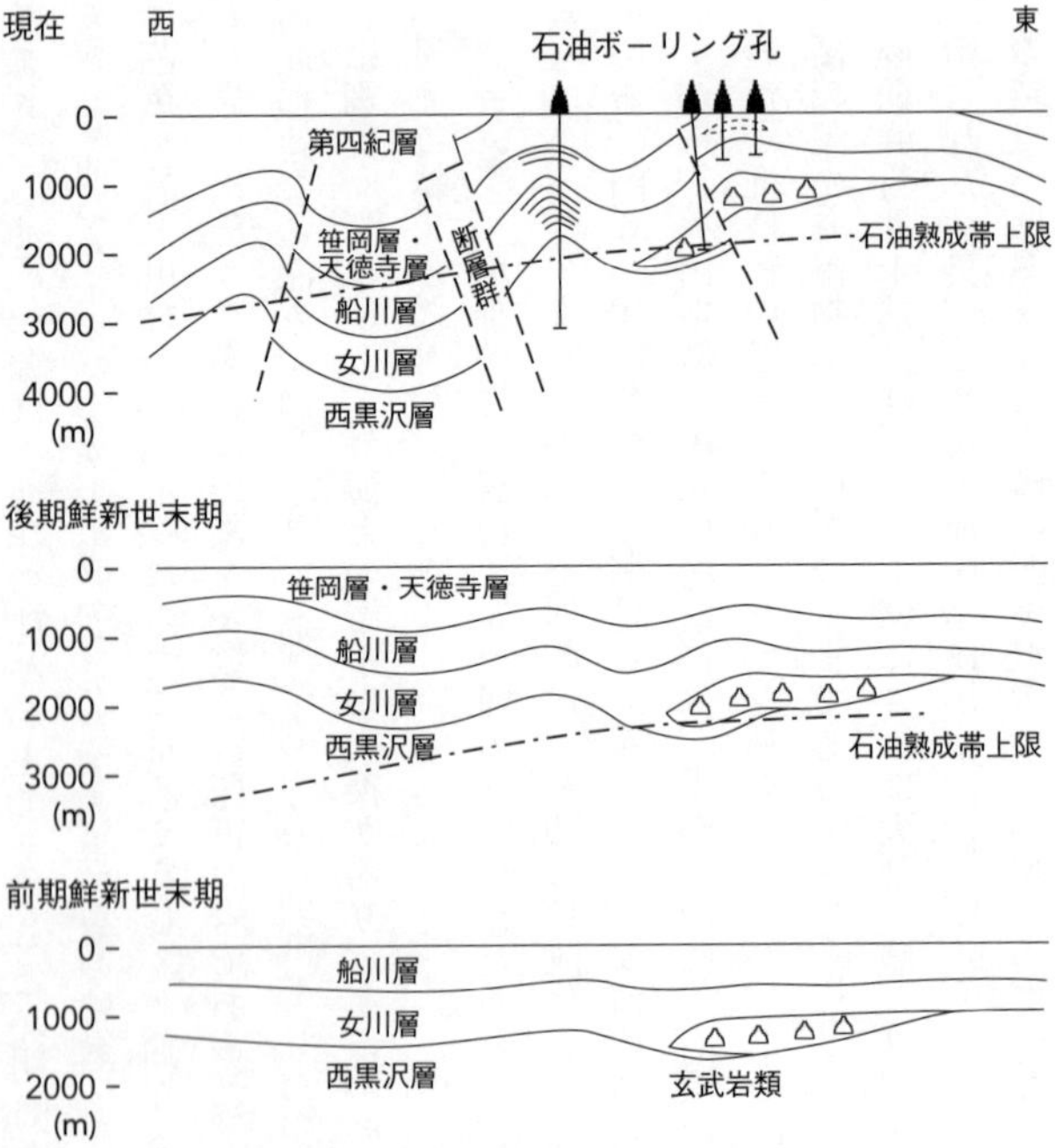

図6－10　秋田地域の油田の形成（引用図）

図中の石油熟成帯上限は、それより下位で石油が生成されていることを示す。

現在の状況（図6-10上）では、海面下では第四紀層を溜め、さらに東西圧縮が進んでいる。そのため褶曲や断層が発達し、有機物を多量に含む女川層が下位へと運ばれ、ついに熟成面より下位となった。もともと水平に溜まった地層が上に凸に変形したところには石油や天然ガスが溜まっており、ボーリングはそのような場所を狙って行われている。300万年以降に活発化した島弧にメリハリをつける運動は、最上川を「集めて早し」の急流にするだけでなく、石油の熟成をうながし、石油を溜められる構造を用意したことになる。

さらには、本来地中にあるべき天然アスファルト・石油が地表までもたらされたのも、このメリハリをつける運動によって生じた断層を通してである。ボーリングができなかった縄文人や奈良時代人が天然アスファルト・石油を入手できた由縁である。

まとめ

本章ではまず日本列島が植生豊かで、肥沃な土壌が存在する背景をみてきた。それは単一の要因ではなく、豊富な降雨量、火山の存在、黄砂の供給、岩石の若さ、ヤギ・ヒツジの不在、氷床が発達しなかったことなど、無数の偶然に支えられたものであった。

日本列島がユーラシア大陸から独立する直前、湿った大陸縁辺で作られた石炭は、日本列島にも相続され、日本の高度成長を支えた。

日本列島の独立後、列島の大改造の時代に細長い海を埋め立てることに一役買った珪藻は大量の有機物を地層中へと埋没させ、メリハリをつける運動のもと、石油へと姿を変え、われわれが回収可能な油層となった。

そして現在、地球には炎が存在できるほど、大気中には酸素が存在している。これらは、酸化分解をまぬがれた有機物が地層に埋没してくれたおかげである。

二酸化炭素の増加による温暖化、石油の枯渇はのっぴきならない問題として理解されている。しかし、「酸素減少」問題を皆心配していないのはなぜだろう。もちろん、地球が温暖化し、限界値を超え、別の気候ステージに変わってしまうことは重大事件だろう。でも、大気中の酸素濃度が減少し、「火がつかない地球」になることは、より深刻な問題ではないだろうか。ある朝、「お茶でも飲もう」とガステーブルのツマミをひねっても火が付かない。それにちょっと息苦しい。B級パニック映画のオープニングのようではないか。枯渇するほど石油を使っているのに、酸素減少は大丈夫なのか。

大気中の酸素を専門にして研究している学者は、心配ご無用という立場である。それは、石炭にしても、石油にしても、地層に埋没した有機物のごくごく一部であるからだ。化石燃料を埋蔵量分すべて燃焼させても大気中酸素の0・5％を消費しないらしい。火が付かない酸素濃度16％まではまだまだ余裕がありそうだ。

でも、熱帯雨林は１分間で東京ドーム約２個分のペースで地球上から消えている、といった報道を目にするし、車で移動するあいだについ最近まで森だったところがソーラーパネルで埋め尽くされているのを見たりすると、やや不安になる。化石燃料の消費だけではなく、現在進行形で光合成を担っている場所が切り崩されているのだから。

近年、南極氷床に取り込まれた気泡の研究から、過去80万年間、コンスタントに大気中酸素が減り続けている様子が観測されている（Stolper, D. A. et al. "A Pleistocene ice core record of atmospheric O_2 concentrations"）。いうまでもなく、人間が本格的に火を使用する以前から、自然現象として酸素が減少していることを意味している。

最近は、大気中の酸素濃度について、より精密な分析が始まっており、ここ20年間では、先に示した過去80万年間の減量率の５００倍の速度で大気中酸素が減り続けていることが明らかとなっている（Nguyen, L. N. et al. "Two decades of flask observations of atmospheric δ(O_2/N), CO_2, and APO at stations Lutjewad (the Netherlands) and Mace Head (Ireland), and 3 years from Halley station (Antarctica)"）。単純にこのペースで酸素が減少すると仮定すると、およそ１万年後には地球で火が付かなくなってしまう。１万年というとかなり先のはなしにも思えるが、過去にさかのぼればたかだか縄文時代である。

近年、地球温暖化、海洋酸性化は専門家のみならず、一般の方々からも注目が集まっている。それに加え、大気中の酸素濃度にも興味関心が向き、後世の人たちがわれわれ同様、安心して焚き火や焚き火小説を楽しめるような地球環境を維持するために、どのような生活様式・資源活用・土地の開発と利用がふさわしいか、考える心の余裕がほしいところだ。

第7章　元祖「産業のコメ」——列島の鉄

1　日本列島の鉄資源

師との邂逅

大学の学部3年次に研究室配属となり、自分の机をもらえた以降のささやかな楽しみの一つは、月曜日の日没を迎えるころ、とある先生の研究室に三々五々集まって、皆でワイワイお酒を飲むことだった。

ゼミの縛りは一切なく、ときには隣の生物科の学生も来ていた。その先生の部屋にはなぜかいつもお酒があり、魔法のようにどこからともなく乾物、缶詰、袋菓子が出てきた。齢60を超えていたが、よくぞ学生とのはなしに付き合ってくださったと思う。国の研究機関に長いこと勤めていたからか、生意気ざかりの若者と話すのが新鮮だったのかもしれない。

われわれもほとんど毎週のようにその部屋に吸い寄せられていったということは、ただでお酒が飲めるだけでなく、さぞ居心地がよかったのだろう。研究室にあるお酒を飲み干し、つまみを食べ尽くすと一旦お開き。先生は自転車でふらふらと帰られ、われわれは心配そうにそれを見送るのであった。とりわけ、根雪となっている季節などは、翌日大学でご無事な先生を見て、心底ホッとしたものだ。

本章を執筆するにあたって、鉄の資料を探していたら、なんとその先生の若かりしころの論文がいくつもヒットして驚いた。授業を聴き、さらに毎週のように雑談をしていたのに、専門分野を知らなかったのだ。お雇い外国人研究者の一人、エドムンド・ナウマンにより作成された最初の日本列島の地質図以降、資源探査を中心に地質調査は進められ、日本に大規模な鉄鉱床がないことは明らかになっていた。実際、戦前・戦中から日本は大量の鉄鉱石資源を海外から輸入していた。しかし、先生はそれを重々承知の上で、日本国内の鉄資源の詳細な目録を作っていたのである。北海道の砂浜の砂鉄まで、丹念に記載していたのには泣けてきた。

鉄は地球にありふれた元素である。それなのになぜ日本列島には鉄資源はないのだろう。本章ではその問題を中心に考えてみたい。

2　地球の鉄

チバニアンと地磁気逆転

２０２０年、千葉県の房総半島に露出する地層に国際的な地質時代の基準面が設けられ、チバニアンという地質時代名が認定された。決め手は、砂層と泥層の薄い縞々の繰り返しが一般的な房総半島の地層のなかに、地球の歴史をたっぷりと欠損なく記録した厚い塊状の泥岩層が挟まっていたこと、その泥岩層に松山―ブルン境界という地磁気の逆転が記録されていたこと、さらに幸運なことにその逆転境界の直前に白尾《びゃくび》火山灰が含まれ、その年代が正確に求められたことであった（菅沼悠介『地磁気逆転と「チバニアン」』）。

地磁気の尺度でいうと、現在はブルン期（元号でいう「令和」に相当するもの）にあたる。周知のように方位磁針の赤い針は北を向くが、ブルン期より一つ前の松山期ではその逆だった。方位磁針の赤い針が南を向いていた時代だ。千葉の地層には、その地磁気の入れ替わった瞬間が記録されている。

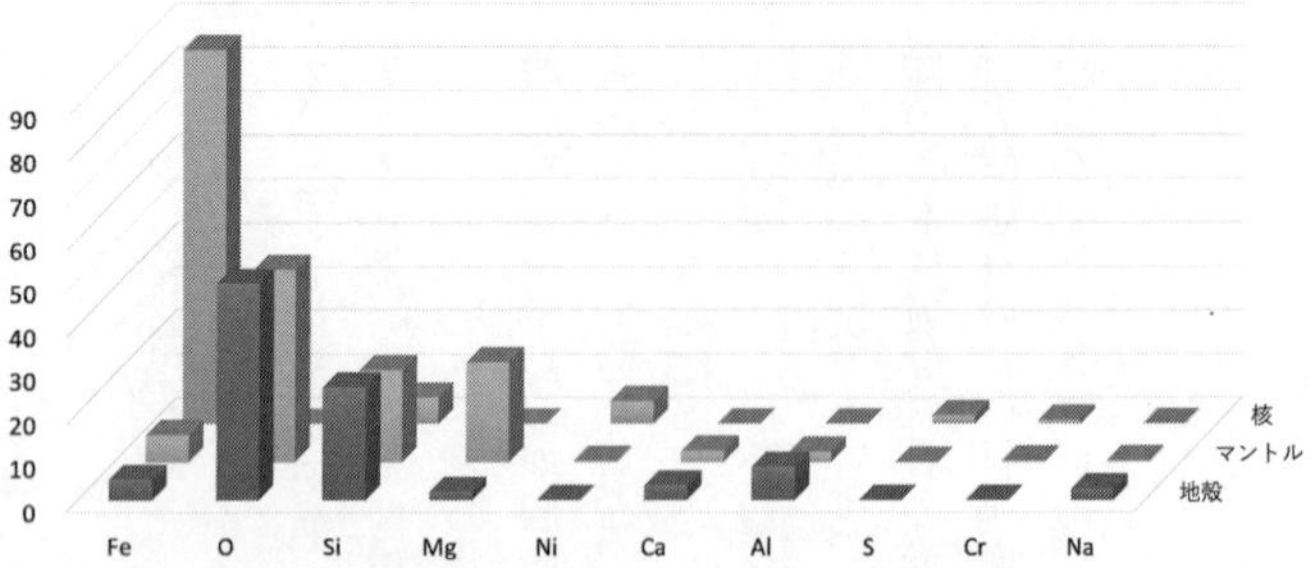

図7－1　地球の地殻、マントル、核、元素濃度（重量％）（データ引用）

最大の鉄資源――地球の核

そもそも地球がなぜ磁性を帯び、あたかも地球の内部に強力な棒磁石が存在しているようにみえるのか、という問題はなかなか手ごわい。簡潔にまとめると、地球深部の外核が溶けた鉄でできており、それが対流し電流が流れ、磁場が形成されているからである。

近年の地球惑星科学によると、地球は、原始太陽系円盤に存在していた固体微粒子を起源とし、それをもとに成長した微惑星の衝突により形成されたという。原始地球の誕生直後、密度の大きなものが中心部へと沈み、密度の小さなものが表面に残った。その中心に向けて沈んでいったのが鉄であり、それが地球の核となった。そして軽くて地球浅部に残ったものがマントルであり、地殻はそのマントルがのちに分化することで作られた。地球全体で考えると、マントルや地殻は、いわば「鉄の抜け殻」「鉄の出がらし」ということになる（図7－1）。

すなわち、地球の核こそ鉄の超巨大鉱床なわけだ（図7-1）。しかし、そこは月よりも遠い。われわれはまだマントルにすら到達したことがないのだから。

ここまで「日本に鉄がない」と述べてきたが、日本のみならず、そもそも地殻には鉄があまり含まれていないことがわかった。そんななか、われわれはどこから鉄を調達してくればよいのだろう。

3　縞々の鉄――縞状鉄鉱層

「太古の島」薩摩硫黄島

「生きている地球」という表現をよく目にする。筆者が調査で訪れた土地のなかで、地球が「生きている」ことがわかりやすい場所の一つは鹿児島県の薩摩硫黄島であった。

東に桜島、西に西郷隆盛終焉の地である城山を配す鹿児島港を出てわずか4時間、薩摩硫黄島はそこに忽然《こつぜん》とあった。中央にそびえる硫黄岳は、昔話に出てくる鬼ヶ島のような見事な「火山」の様相だし、様々な色の濁った海水が島の周りを縁取るように漂っている。ともかくバラエティに富んだ島だ。筆者は三度しか行ったことがないが、いずれもはじめて訪問

図7－2　薩摩硫黄島（Google Earth）
右奥に見える植生のない高い山が硫黄岳。その周辺の海には白っぽく縁取りがなされている。これはアルミニウムを含む温泉が湧いているところ。中央下の湾がフェリーの発着場所でもある長浜湾。

図7－3　薩摩硫黄島の長浜湾（九州大学清川昌一氏提供）
長浜湾から湧き出た温泉水に含まれる鉄イオンは、海水に触れるやいなや酸化され赤茶色の懸濁物となる。これらは多くが湾内に堆積するが、一部、湾の外へも流れ出ていく。

する地質屋のグループと同行したので、徐々に大きくなってくる島影を見つめる皆の高ぶりが干渉しあい、デッキ上が異様な興奮状態となったことを記憶している。

現地に行かずGoogle Earthで眺めるだけでも、この島の尋常ではない様子は見てとれる（図7-2）。中央に見える長浜湾は赤茶色に濁っており（図7-3）、フェリーはこの真っ赤な水のなかに突っ込み、無事到着となる。それにしても、この湾内の様子はどうであろう。別に前日に大雨が降り、泥水が海に流れ込んだわけではない。

硫黄岳の根っこの周りで作られた酸性の温泉が地殻にわずかに残る鉄を溶かし出し、海へと豪快に放出しているのだ。溶けていた鉄が海水中に含まれる酸素によって酸化され、酸化鉄になったものがこの真っ赤な濁りの正体である。

酸素の発生により沈殿した鉄

現在、われわれは鉄資源を海外から大量に輸入しているが、そのほとんどは縞状鉄鉱層と呼ばれるものだ（図7-4、7-5）。28億年前から24億年前にかけて海洋で形成されたものであり、その名のとおり美しい縞模様をもっている。現在の小・中学校の理科の教科書には砂や泥でできた縞々をもつ美しい地層の写真が載っているが、この縞状鉄鉱層はそれらとは違い酸化鉄の縞でできている。

図７－４　縞状鉄鉱層の露頭
西オーストラリアのピルバラ。

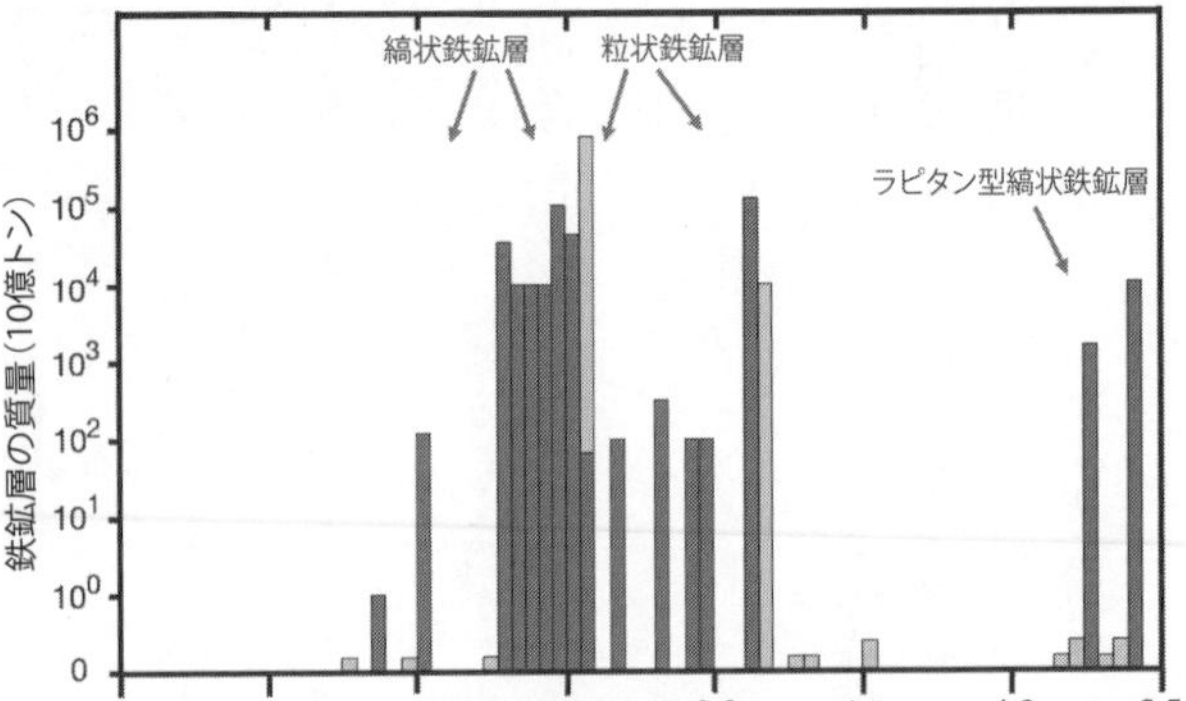

図７－５　縞状鉄鉱層が形成された時代とその規模（引用図）
縦軸は対数目盛り。塗りの薄い部分は、生成年代が不確かなもの。

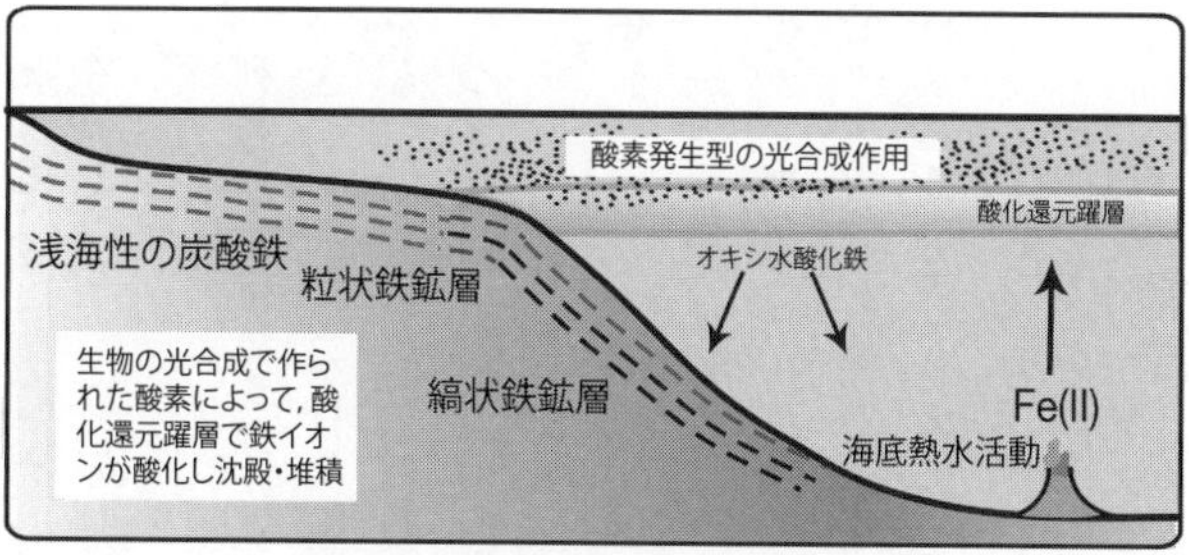

図7－6　**太古代～古原生代における縞状鉄鉱層の生成モデル**（引用図）
縞状鉄鉱層、粒状鉄鉱層、炭酸鉄、それぞれの堆積場が模式的に示されている。縞状鉄鉱層がもっとも深部に堆積したとするモデル。

縞状鉄鉱層が作られていた当時の海は、まさに薩摩硫黄島の長浜湾のような様相（図7－3）を呈していたのだろう。見ている分にはすごいが、飛び込んで泳ぎたくなるような海ではない。

縞状鉄鉱層が形成される以前、海洋には気体の酸素分子は含まれていなかった。そのような状況下、鉄は2価鉄の状態で海水に溶けていられる。そのためおもに海底の熱水活動により岩石から溶出した鉄はそのまま海に溶け込んでいた。極端にいえば、地球に海ができてから、「鉄の出がらし」である地殻からじっくりと抽出された鉄が、海水に濃集《のうしゅう》・蓄積してきたことになる。

そんな状況下、光合成生物が海に大量発生し、副産物として酸素を放出したことで、溶けていた鉄が酸化し、真っ赤な海になる。それが海底に積もったのが縞状鉄鉱層である（図7－6）。海に溶けていた鉄がきれいさっぱりと酸化沈殿されると、酸素は鉄の酸化沈殿に使われずにすむようになった。やがて海は酸素で充たされ、やっと酸素は海から大気へと解き放たれることができた。その後、大気中で酸素が増えていく様子は第6章で示したとおりである。

列島に大規模鉄資源がない背景

さて、はなしを日本に戻そう。日本列島を作る地層の多くが中生代のジュラ紀以降の年代をもつ。この2億年のあいだに海の底で溜まったものだ。

つまり、三畳紀以前の堆積岩の分布はごくごくわずかである。日本最古となる古生代カンブリア紀の地層が茨城に見つかり地元では大騒ぎになったが、それでも年代でいうと約5億年前。

一方、先にみたように大半の縞状鉄鉱層の沈殿が終了したのが、はるか昔の24億年前だ。先カンブリア時代終盤の全球凍結という極端なイベントに関連したとされる縞状鉄鉱層（ラピタン型縞状鉄鉱層）の生成も約6億年前である（図7-5）。このように地層の生成年代だけからみても、日本に大規模鉄資源が存在していない理由がよくわかる。

4　和鉄のふるさと

良質な鉄資源——たたらの源泉

日本には縞状鉄鉱層はない。とはいえ、日本の伝統・誇り、という文脈で語られることが多い「たたら製鉄」があるではないか。たたら製鉄で得られた玉鋼《たまはがね》から作った日本刀は抜群の切れ味を持ち、クギは1000年経っても錆びないという（志村史夫『古代日本の超技術』）。鉄に不足した日本列島で、いったい何を原料としているのだろう。

たたら製鉄には伝統的に真砂《まさ》砂鉄、赤目《あこめ》砂鉄が使われる（図7‐7A）。通常、砂鉄とは、もともとは岩石中に含まれていた鉄酸化物が、岩石の風化と侵食により洗い出され、運搬・堆積し河川や海浜で砂のなかに含まれるものを示す（図7‐8）。しかし、真砂砂鉄、赤目砂鉄は、そのような意味の砂鉄ではない。運搬・堆積を経ていない、風化途中の花崗岩のなかにまばらに散在している状態の造岩鉱物である。

通常、鉱物資源は、地殻の平均よりもはるかに大きな濃集度をもつ岩石鉱物のことをさすが、この場合はまったく異なる。花崗岩は、大陸地殻を作る代表的な岩石の一つである（図7‐7B、7‐9A・B）。しかし、鉄の含有量は低く、本来とても鉄資源と呼べるようなものではない。含有量が低いなかで、どのようにして鉄が取り出されるか。その鍵は、岩石の風化の度合いが握っている。砂鉄を取り出したのは、カチカチの花崗岩ではなく、風化して

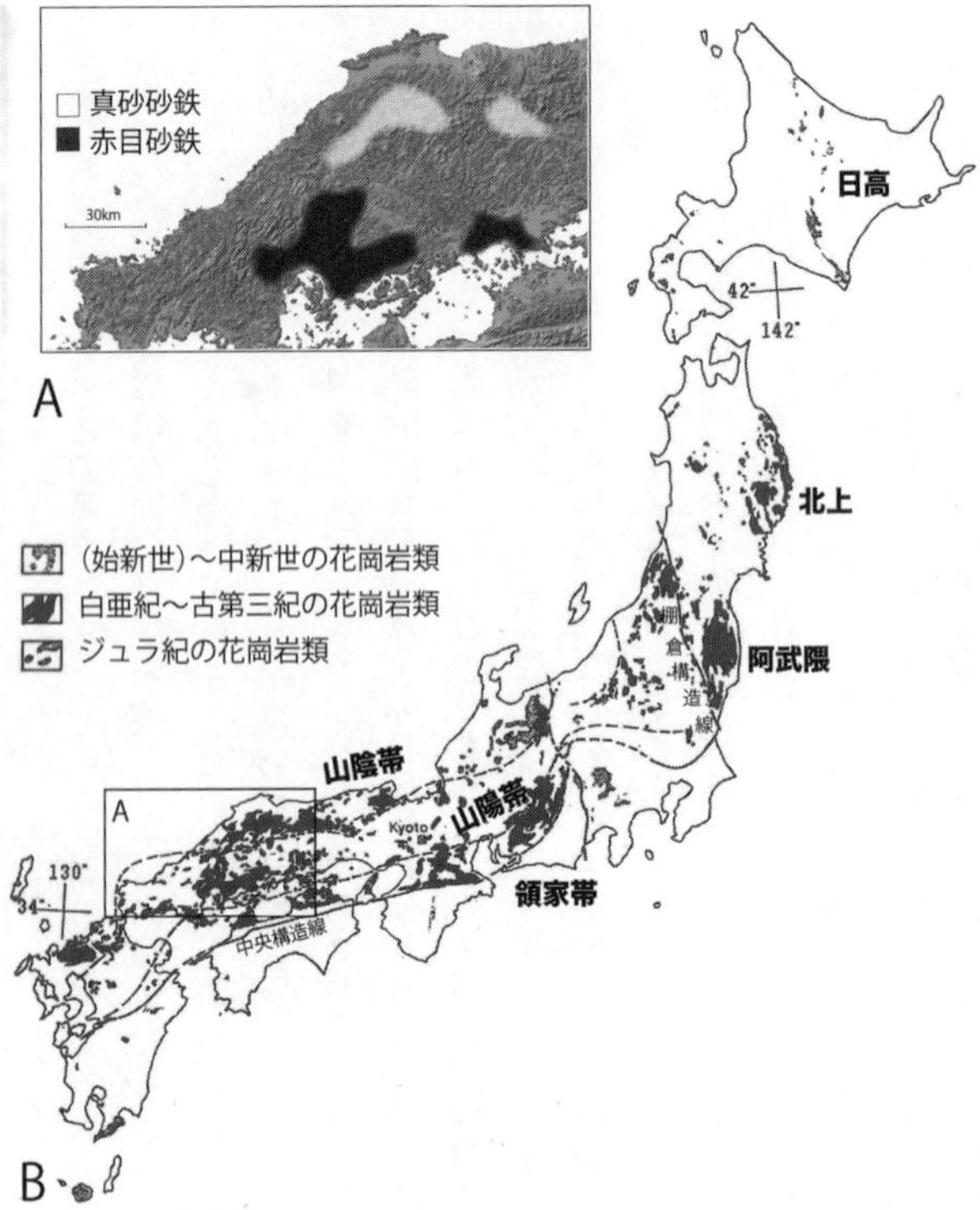

図７－７　日本列島における花崗岩の分布・分類と砂鉄の分布（引用図）
A：中国地方における真砂砂鉄・赤目砂鉄の分布。B：花崗岩類の分布。

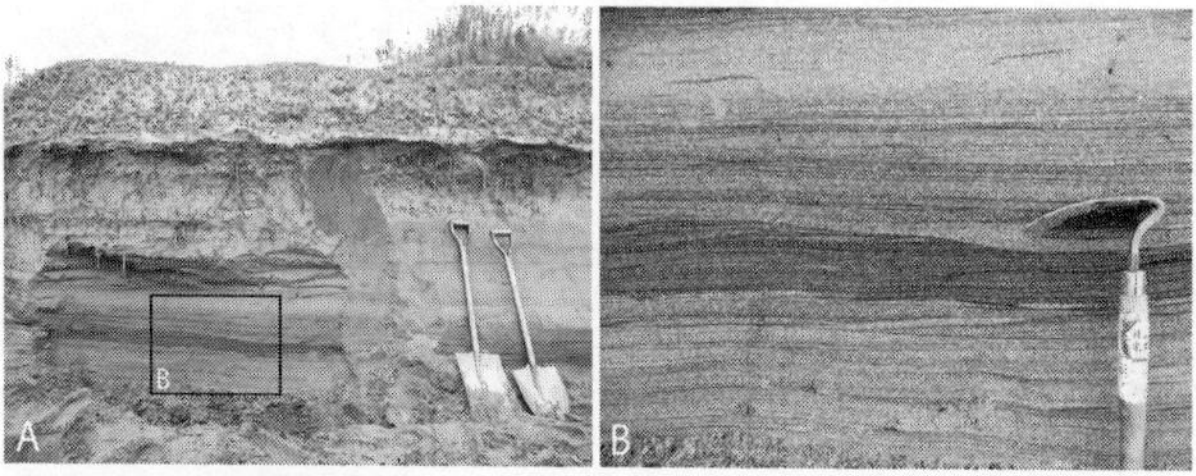

図7－8　一般的な砂鉄のイメージ
A：過去の海岸の砂浜のなかに含まれる砂鉄の層（北海道根室市）。B：黒色の砂鉄がきれいな縞模様を作っている。

ぐさぐさの状態になったものである。これをマサ土というが、人の手でも容易に崩れてしまう非常に脆いものである（図7－9C・D）。

図7－7Bでわかるように、中国地方には広範囲にわたって花崗岩が分布しており、永年、風雨にさらされた表面部分は風化され、マサ土となっている。2014年の広島豪雨災害、2018年の西日本豪雨災害では、集中豪雨により広島県を中心にマサ土が崩れ、大きな被害が出た。このように雨によって崩れ落ちてしまうような、脆いマサ土が大量に分布していることが、中国地方にたたら製鉄が発展した背景となっている。

第4章でみたように、日本は世界でも有数の多雨国である。それも春から秋の暖かい時期に降水量が多い。もともと固い岩石が分布していた場所に植生が形成されると、根っこは岩の隙間を割り込み、植物は濃厚な二酸化炭素や水素イオンを地中へ放出する。やがて枯れた植物が重なり、その分解産物

図7－9　花崗岩とマサ土

A：風化していない花崗岩をえぐる河川の様子（山梨県の昇仙峡）。いかにも固そうな巨レキが多数分布している。B：黒雲母花崗岩（茨城県笠間市稲田産）。いくつかの種類の鉱物から成ることがわかる。C：マサ化した花崗岩の様子（阿武隈山地南部）。黒雲母や長石などの鉱物が粘土化し、もはや岩石ではなく「砂取場」になってしまっている。D：マサ土（茨城県つくば市小田産）。素手で崩れるほど脆い。

として有機酸も作られる。草地から始まった植生も森林にまで遷移する。温度の高い状況のもと、大量に供給される水分、森林土壌が作る有機酸が複合的に作用して、花崗岩を構成する黒雲母や長石類がゆっくりと風化し、粘土化していった。このような気象・気候条件下、本来ガチガチの固さを誇る堅固な花崗岩がマサ土となった。

なぜ砂鉄から日本刀を作るのか

専門外の人間から眺める

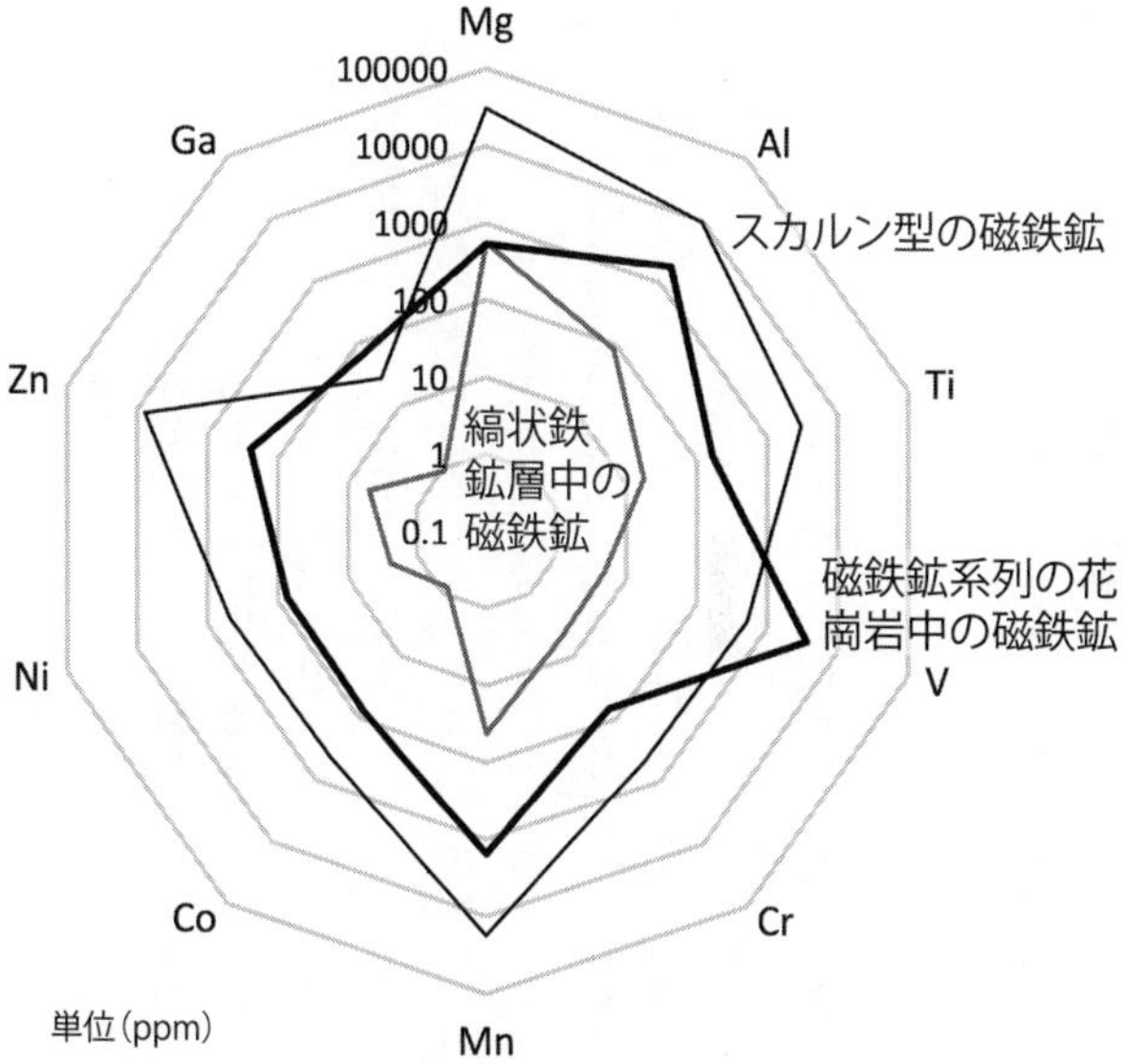

図７－10　**磁鉄鉱中の微量元素の成因別比較**（引用図）
複数の分析データの中央値。対数目盛りである。スカルン型鉱床中の磁鉄鉱と比較して、真砂砂鉄のもととなった磁鉄鉱系列の花崗岩中の磁鉄鉱のほうが、微量元素に乏しい。なお、縞状鉄鉱層中の磁鉄鉱はさらに純度が高いことがわかる。

とどうにも不思議、というものがある。筆者にとってそれはたたら製鉄の原材料が、マサ土から取り出した砂鉄であったことだ。たしかにぐずぐずになったマサ土から鉄鉱物を取り出すことは容易だろう。

しかしあまりに効率が悪い。また、どんどん山を切り崩すわけだから、環境への負荷も大きい。不思議だなあと思いつつ、文献を読んでいて、ハッと気づかされた。その文献は意外なものであった。司馬遼太郎の

『砂鉄のみち』である。

なるほど、先にみたように花崗岩という固まりでみると、鉄資源としてまったく理に合わない。しかし、鉄鉱物以外を取り除いてしまえば、素性よく混じりけのない鉄鉱物が取れるわけか。司馬はこのように表現していた。

「氏より育ちというが、鉄ばかりは妥協なしに氏であるらしい」

「不純の鉄は、いかに名工が腕をふるってもどうにもならぬものらしい」

鉄なき列島である日本にも、スカルン型鉱床など塊として磁鉄鉱を産する場所はいくつかある。しかし、鉄としての混じりけのなさは、マサ土からとった磁鉄鉱のほうが優良だったわけだ。様々な起源をもつ磁鉄鉱を検討した比較研究によると、スカルン型の磁鉄鉱と比べて、真砂砂鉄のもととなる花崗岩中の磁鉄鉱は、微量元素の含有量がはるかに少ない（図7－10)。「日本すごい」に加担するものではないが、それを分析機器などない時代、経験の集積から導きだした先人たちには驚きを禁じえない（図7－7A)。

まとめ

最後になってお名前を出すが、われわれ悪童を可愛がってくださった先生、大町北一郎によるる日本列島の詳細な鉄資源リストによって日本列島に豊富な鉄資源がないことは一層明確になった（大町北一郎『日本の鉄鉱石資源』）。日本列島は、地球での大規模な鉄の酸化沈殿が終了し、かなりの時間が経過してから誕生した若き島弧である。列島をくまなく探しても縞状鉄鉱層は出てこない。現在、われわれが鉄鉱石を１００％輸入している背景である。むしろ伝統的には、鉄含有量の低い花崗岩起源のマサ土から鉄を採り、それを使っていた。

しかし、立ち止まって考えてみれば、いたるところに良質な鉄資源がなくてよかったのでは、とも思う。もし仮に鉄が山ほどあったら、製鉄を覚えはじめたわれわれの先祖はすべての森林を根こそぎにするまで薪・炭を作り、鉄作りに励んでいたかもしれない。たたらの一工程では、「ひと山を裸にするほど木炭を食った」（司馬『砂鉄のみち』）のだから。伝統的なたたら製鉄を描いたドキュメンタリー映画『和鋼風土記』が映す、惜しげもなく投入される炭には背筋が寒くなるほどだ。

その一方、「山々の木は、伐採したあとすぐ植え、三十年でもとにもどります」とは、司馬が『砂鉄のみち』で引用する代々砂鉄精錬を続けてきた家の当主の言葉である。同じくマサ土を原料にした製鉄によって、朝鮮半島は禿げ山だらけのままだったのに、日本の森はなぜ回復するのだろう。雨の量・季節ごとの降雨パターンに大きな違いはない。

その分かれ目は、地球科学的な変動帯に属しているか否かだ。朝鮮半島と日本列島、これほどの近距離なのに、地球科学的な位置づけはまったく異なる。朝鮮半島はすでに先カンブリア時代に安定化した大陸、日本列島は新しい変動帯。安定大陸では、岩石が風化され土壌が形成されたあと、それはなかなか更新されない。風化していない岩石が再び露出するきっかけに乏しいのだ。

一方、新しい変動帯では、岩石がかき混ぜられ、風化していない岩石が地表に現れるチャンスが大きい。具体的には、火山噴火、断層運動、地すべりなどが、その働きをする。岩石が露出し、風化によって新たにミネラルが供給されること。豊かな森を維持するためには、この地球科学的な背景も一役買っている。

第8章　黄金の日々——列島の「錬金術」

1　金との出会い

縄文人と金

日本列島には無数の縄文時代遺跡、貝塚が存在するが、そこから砂金がザクザクと出てきた、という報告を聞いたことがない。現代人は滅多に川原に立つこともなくなったが、縄文の人々は毎日のように小川のほとりへと足を向けたことだろう。われわれが日に何度も洗面台や台所へいくようなものだ。しかし、メガネが必要ないほど視力がよかった縄文人たちは、砂金には目もくれなかった。先史時代、黄金は美の対象でも、信仰の対象でも、ましてや経済の対象でもなかったということにほかならない。

一方で、黒曜石は場合によっては数百km先の産地からであっても入手していた。本当に必要なものは、なんらかの方法で手に入れていたのだ。当時、驚くほど貴重品であったその黒曜石の塊から、しなやかな鹿の角を使って一撃で細石をたたき出せるほどの観察眼と手先の器用さを持ち、火焔型《かえんがた》土器で美の最先端を競っていた縄文人は、砂金など歯牙にもかけなかった。縄文時代中期、地球の外周の4分の1ほど離れた古代エジプトでは、人々はもう黄金に魅了されていたが、日本ではだいぶ様子が異なる。

日本列島人が最初に見た金の塊は、「漢委奴国王印《かんのわのなのこくおういん》」なのだろうか。これは紀元1世紀に伝わった可能性が高いとされる。北部九州ではその100年以上前から銅矛《どうほこ》が作られ続けてきたので、真新しい青銅器が発する光沢まぶしい金色は、少なくとも支配者層にとっては珍しいものではなかったろう。それに銅矛は圧倒的にでかい。そんな人たちの目に、わずか一辺が2・3㎝、109gのちっぽけな金色の物体がどう映ったのか。うやうやしく「漢委奴国王印」を授けられた人がどんな表情を浮かべ、内心何を思ったのか、大変興味がある。

やがてわれわれは経験を積み、「徐々にくすんでいく金色」（青銅器や天然に産する黄鉄鉱）と「輝き続ける金色」（金）があることを知る。空海は『性霊集《しょうりょうしゅう》』のなかで、「金は不変之物也」と書いている。平安時代初期には日本においても金は変わらないもの・朽ちはてないものの代名詞となっていたことがわかる。そして、もちろん皆が目の色を変え、欲しがるのは「輝き続ける金色」のほうだ。そこからの展開は早い。また、お決まりのコースともいえる。現在も金は金融資産の一つに数えられ、インターネットで検索すれば、１gの価格はいくらかがすぐわかる。本章では、贅沢品であり、長きにわたり人類を魅了してきたこの金属の視点で日本列島を眺めてみたい。

なお、本章では金山という言葉を使用した。これは金を産する鉱山を意味する。金山からは一般に金に加えて銀も得られるが、金と銀の割合は非常に変化に富む。たとえば、あとで登場する佐渡相川《あいかわ》金山のように銀のほうが数十倍富む場合もあるが、ここではその多様性には頓着せず、一律に金山とした。また、岩石中でとくに金が濃集している部分、金が濃集することに着目する場合は金鉱床と表現した。

2　大陸から相続した遺産——陸奥の砂金

奈良の大仏

仏教の伝来以前、日本列島に存在していた金・銀製品のほとんどすべては古墳に集中していたといわれる。生きている人々の生活を彩るのではなく、逝った有力者の副葬品として納められていたのだ。これら金・銀はすべて海外で産出したものであり、「輸入品」だった。

聖武天皇が、疫病の蔓延・天災などに心を痛め、仏教にすがり、天平15年（743年）に大仏造立の詔《みことのり》を発したとき、寄付集めの代表を担ったのは、第1章でも登場した最初の日本地図作者との伝承も残る行基であった。しかし当時の日本には巨大な大仏を覆い尽くせるだけの黄金は存在していない。その詔からわずか6年後、こんなうまいはなしがあるのか、という絶妙なタイミングでついに日本列島からも金が産出した。陸奥の小田郡で砂金が発見されたのだ。江戸時代後期以降、多くの研究者が、それはどこだったのかという検証作業を行ってきたが、現在の宮城県遠田《とおだ》郡涌谷《わくや》町の黄金山《こがねやま》神社のあたりということで意見の一致をみている（鈴木舜一「天平の産金地、陸奥国小田郡の山」）。

まず900両（約34kg）の金が献上され、聖武天皇は狂喜乱舞し、天平感宝と改元までしてしまう。さらに、当時の税金、租《そ》調庸《ちょうよう》のうち調（貢物）と庸（労役）については、陸奥国全域では3年間免除となった（鈴木、同右）。ただ搾り取るだけでなく、きちんと報いているところが素晴らしいようにもみえるが、3年後からは、多賀城以北の郡では、調庸として、公民の男子4人について1両の金を納めることが義務づけられた。現在、砂金取りはかなりマニアックな趣味に位置づけられるが、8世紀中盤以降の小田郡では、農閑期など家族総出で砂金取りに励んでいたことだろう。趣味どころではなく、生活がかかっていた。はたして地元から砂金が出ることが好事なのかどうかわからない。

ほどなく駿河国（現在の静岡県）からも金が発見された。一旦あるとわかれば、皆そういう目で探しはじめるというよい例だ。さらに八溝山地の陸奥国側（現在の福島県）など、その他の産地も見つかり、最終的には奈良の大仏とその他の建築内装に用いられたものも併せて1万3000両にまで達した（鈴木、同右）。

遣唐使のお財布の中身

日本列島からの砂金の発見は、奈良時代中期には数年～十数年に一回派遣されていた遣唐使にも影響を与える。金は貴重で高価であるのはもちろんのこと、腐らない・錆びない・虫に食われない・かさばらない・小分けができるという特徴がある。紛失・盗難を横におけば、旅行に持参する対価としては最高である。

そしてこの特徴は万国共通。必然的に砂金は、遣唐使一行が持参する朝貢品のおもなものとなった。東アジア基準で当時の日本は文化後進国であり、ほかに喜んでもらえそうなものを生み出せていなかったということはあるが、素材そのものとして希少な砂金は交換の対価として大きな役割を果たし、各種漢籍・仏教経典・仏像・仏具・美術工芸品・薬物などの購入費に充てられた。

また、入唐する使節に対する恩賜、長期留学生《るがくしょう》の滞在費としても中心的な役割を担った。

政治形態、法律、都市の作り、仏教、詩歌などなど、遣唐使が当時の日本へ移植したものを数えれば、そのインパクトの大きさに驚くことになる。間接的にではあるが、砂金の産出が日本という国のあり方に及ぼした影響ははかりしれない。

このように砂金は、日本からの朝貢品リストの重要な位置を占め、留学生もみな砂金で精算するものだから、大陸に、日本列島には黄金が豊富に存在しているというイメージを植え付ける。これが国際的な大都市長安に滞在していた外国商人の耳に届き、尾ひれをつけた黄金のジパング伝説がイスラム世界やヨーロッパにまで広がってしまうというおまけまでついた。

藤原三代と金山

天平21年(749年)に始まった陸奥での砂金の産出に端を発する金を求める活動は、河原での砂金の採取に留まらず、やがて山地での金山開発へと進んでいった。現在の岩手県南部から宮城県にかけて南北に延びる北上山地を中心に多くの金鉱床も発見され、それらを財源として、陸奥の平泉周辺には藤原三代の世が華開く。初代清衡《きよひら》の晩年(1124年)に建立された中尊寺金色堂は、その象徴といえるだろう(図8-1)。

この奥州藤原氏は、藤原北家の系譜と位置づけられ、遠縁には西行がいる。遠い遠い同族。新幹線も飛行機もない時代、紀伊国田仲荘《たなかのしょう》(現在の和歌山県紀の川市)を知行地としていた

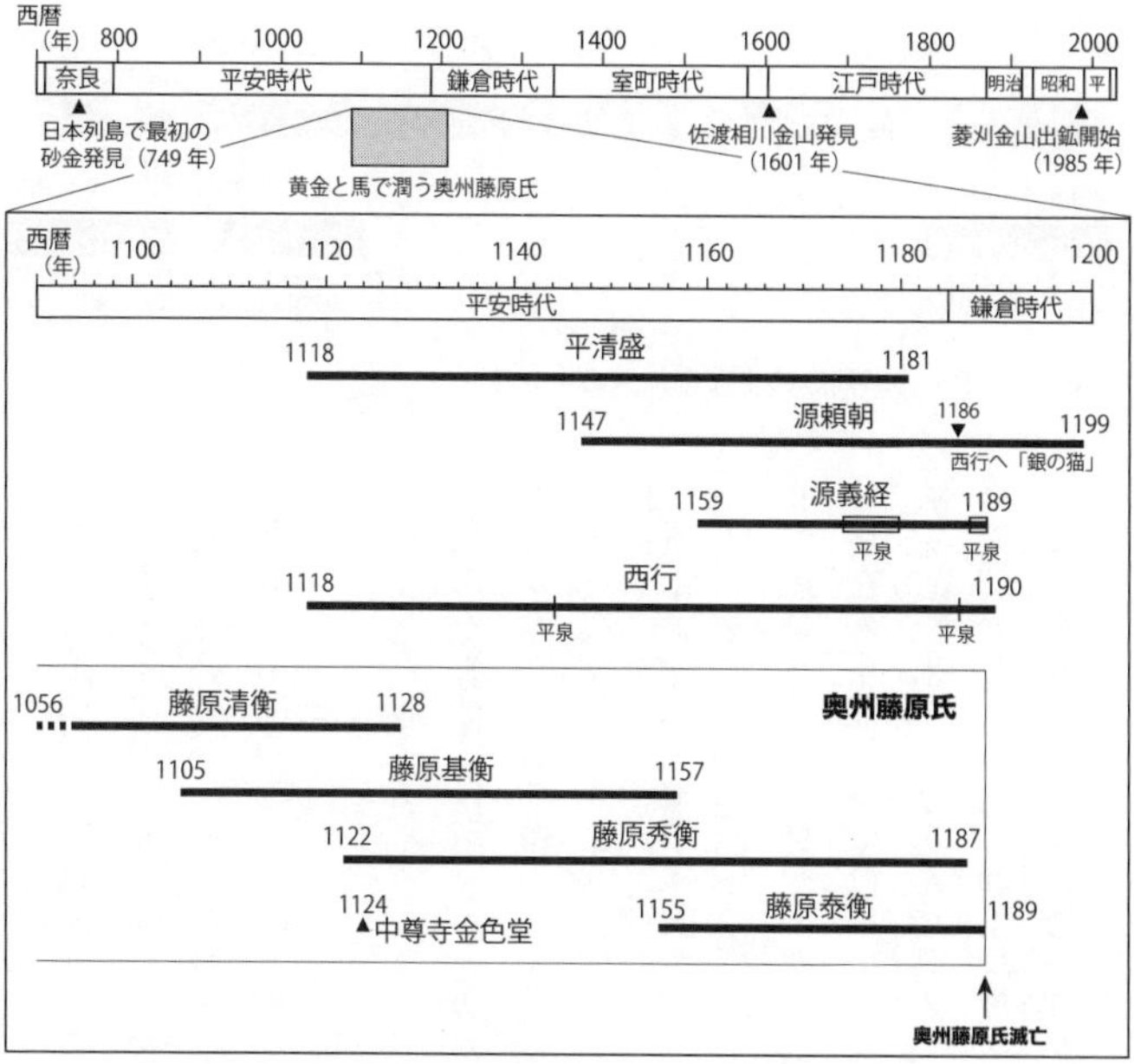

図８－１　**奥州藤原三代の栄華と金**
西行が奥州平泉へ砂金勧進として赴いたわずか３年後に奥州藤原氏は潰えた。

西行は生涯二度も平泉の地を踏んでいるが、遠い親戚であることと関係があるのだろうか。最初は出家から4年後の天養元年（１１４４年）ごろ。二度目は文治２年（１１８６年）なので、なんと69歳の年。この旅の目的は、焼失した東大寺の再建を目指す重源《ちょうげん》上人《しょうにん》の依頼を受け、奥州藤原氏に金の寄進をお願いするためである。12世紀末になっても陸奥には豊富な金が存在していたのだ（図８－１）。

しかし、ついに15世紀に

なると、遣明船の朝貢品リストには金は見当たらなくなる。最初の発見から約700年、もはや陸奥には当時の技術で回収できる黄金は残っていなかった。ただ南部地方の民謡『牛方節《うしかたぶし》』に、「田舎なれども　南部の国は　西も東も金《かね》の山」とその余韻を残すのみである。

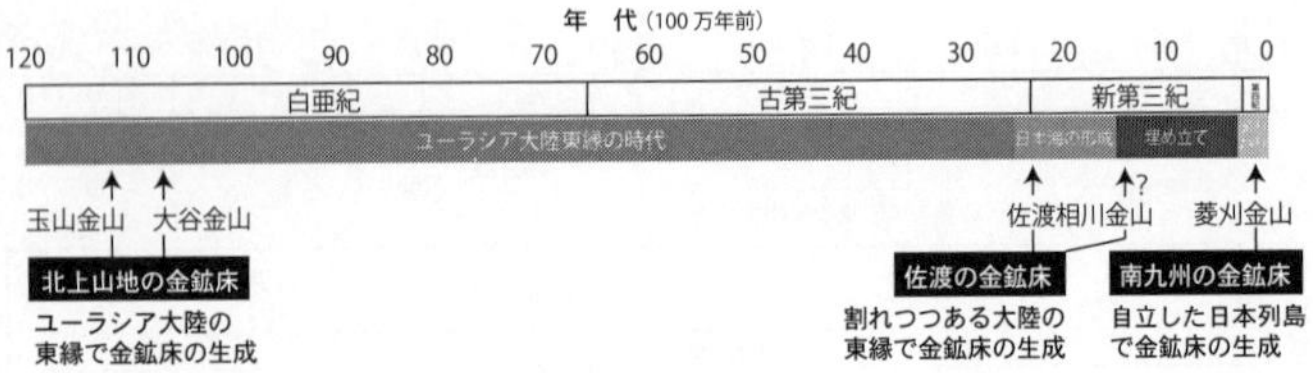

図8－2　日本列島の主な金鉱床の生成年代

陸奥の金鉱床はいつできたのか？

ながながと昔を懐かしんだ金のはなしを書いてきた。でも、それらが霞んでしまうような、もっと昔の出来事をみていきたい。北上山地に産する金鉱床について、いくつか生成年代の決定が行われている。それらを参照すると、およそ1億年前となる（図8－2）。まだ恐竜が元気一杯だった時代に相当する。

現在の東北日本には、太平洋の東側で生まれたプレートが延々と旅をした末、沈み込んでいる。そのため、沈み込む海洋プレートは冷え切ったものだ。地下深部へと沈み込んだプレートから水が放出され、それにより岩石の一部が溶け、マグマが生成されている。第

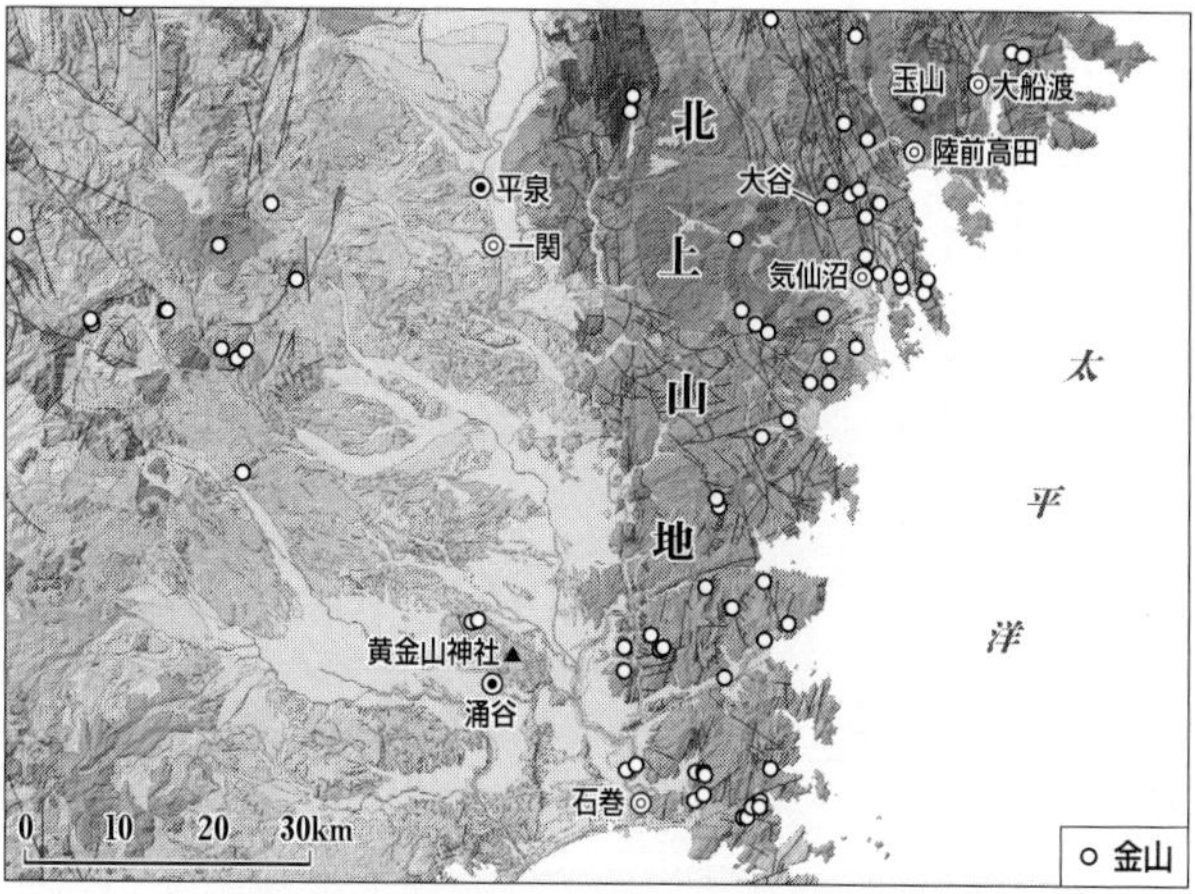

図8－3　北上山地と脊梁山地の金山分布（地質図Navi）

3章で紹介したとおりだ。

金鉱床が形成された白亜紀の中頃、事情はかなり異なる。当時、日本列島はまだできておらず、ユーラシア大陸の東縁に位置していた。そこでは海嶺で形成されたばかりの、まだ高温の海洋プレートが沈み込んでいた可能性が指摘されている。海嶺が海溝に近接していたわけだ。そのため地下の温度構造も大きく異なり、沈み込んだプレートそのものが溶解するということも起こったらしい。現在の北上山地に分布する深成岩《しんせいがん》体の化学・同位体的な特徴からの推論である。

図8－3に示したように、北上山地には大小多数の金鉱床が分布している。これらの約8割は、マグマが地殻中に貫入してできた岩石（貫入岩と呼ばれる）と近接しており、金

鉱床生成への関与が指摘されている（Ishihara, S. and Murakami, H. “Granitoid Types Related to Cretaceous Plutonic Au-Quartz Vein and Cu-Fe Skarn Deposits, Kitakami Mountains, Japan”）。そのため、この地域の金鉱床は、「貫入岩関連の金鉱床」と分類される（村上浩康・石原舜三「南部北上山地、氷上花崗岩体に胚胎される玉山金鉱床の鉱化年代とその成因に関する考察」）。約1億年前、ユーラシア大陸の東縁で、マグマ活動に伴って金鉱床が生成されたのだ。

なぜ陸奥に砂金があったのか？

2500万年前から1500万年前にかけて、ユーラシア大陸から分離した大陸の一部が、今の日本列島の基礎となったことは先に述べた（第2章）。陸奥の金鉱床は、大陸で生まれ、その後8000万年以上の時を経て、「大陸のかけら」として現在の位置まで運ばれたものだ。

金鉱床は、石英の脈に伴われることが多く、この石英の脈は地中に存在している（図8－4A）。そして固い。それが何千年～何万年という時間の流れのなかで侵食され、地盤はどんどんむき出しになっていく。やがて、以前は地下だったところが地表になる（図8－4B・C）。

北上山地の場合は、これがゆっくりと進むだけでなく、大陸から切り離され、長距離移動

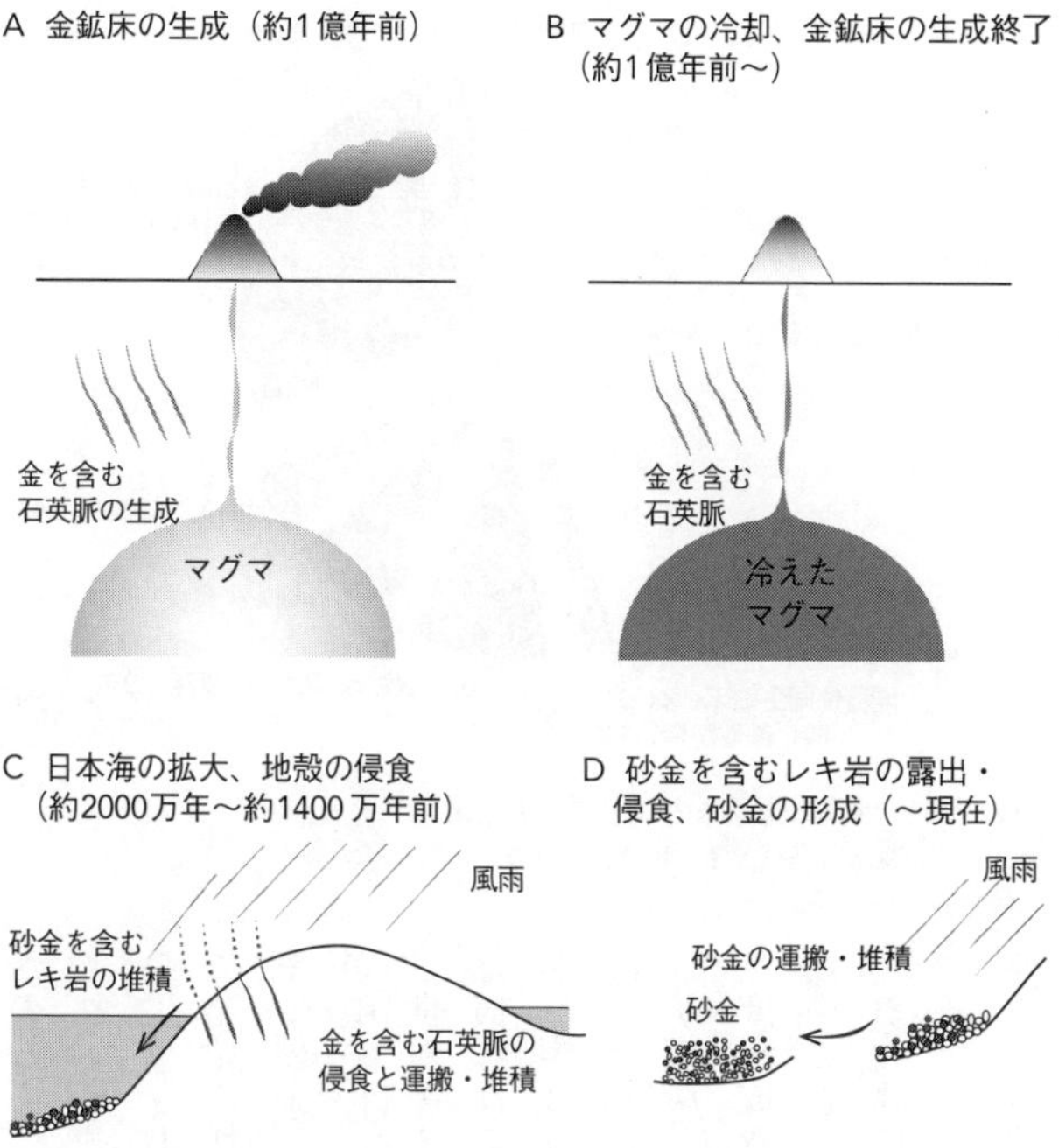

図8－4　金鉱床の生成からレキ岩、砂金が生成されるまで

するという大手術まで伴った。その過程で、岩盤には亀裂が入り、地下深部にあった岩石はむき出しになる。多量のレキが生み出され、それが積み重なってレキ岩が形成された（図8－4C）。

北上山地の南縁では、涌谷町の黄金山神社から約8㎞東南東に進んだJR和渕駅付近や石巻市の日和山などに分布している。金鉱脈の破片は一旦このレキの一部として取り込まれ、レキ岩となっ

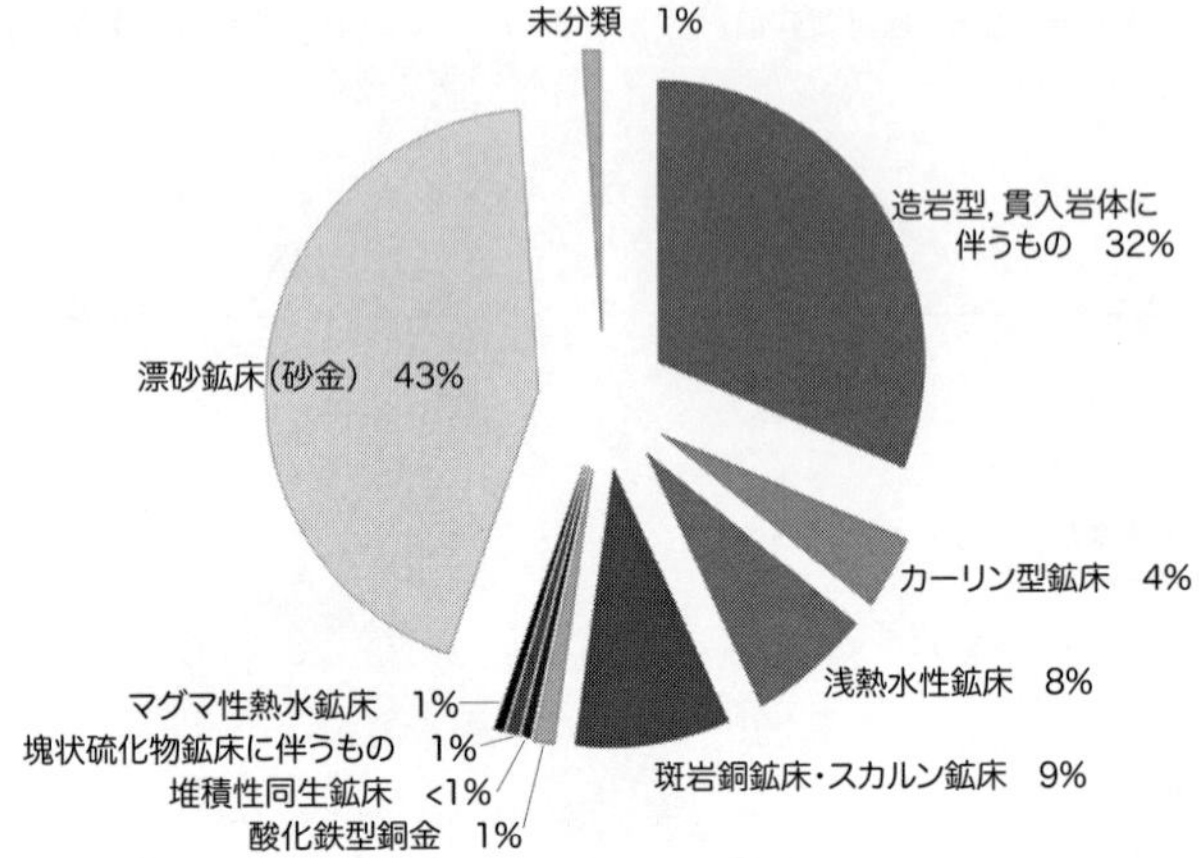

図８－５　**世界の金鉱床のタイプ**（引用図）
これまで採鉱された金鉱床と埋蔵量を合算。

たのちに、さらにそのレキ岩が露出・侵食され、砂金が形成されたと考えられている（図８－４Ｄ）。奈良時代、日本列島で最初に発見された砂金は、金鉱脈→金鉱脈のレキ→砂金、と二段階にわたり、天然・自然が咀嚼《そしゃく》したものといえる。

世の中に砂金が存在することにわれわれは慣れっこになっており、あまり驚かないが、実は金の安定性があってのこと。人類は、これまでの累計産金量の43％を砂金というかたちで金を得ている（図８－５）。一度形成された金の粒は容易にはなくならないことを示している。

奥州藤原氏の時代にもなると、砂金だけではなく、固い岩石中に含まれる金鉱脈も採鉱の対象とした。あたかも子どもが柔らかい食べ物から徐々に固い食べ物に挑戦するように、われわれも大陸の分裂や侵食作用で細かくなった砂金を手始めに、徐々に固い岩石中に含まれる金に挑んでいったことがわかる。

3 自立の旅への餞別——佐渡金山

江戸時代の金

日本列島が大陸から分離するという過程は、金鉱脈を地下深部から露出させ、砕き、それを含むレキ岩を生み出す原動力になったと書いたが、実は、より積極的な働きもしている。その結果をユーラシア大陸と本州のあいだに横たわる佐渡でみることができる。

図8－6に見られるように、佐渡島には多くの金山が分布している。そのなかの一つ、佐渡相川金山は佐渡のほかの金山と比較して圧倒的に規模が大きい。そのため、一般に「佐渡金山」といえばこの佐渡相川金山を示している。

平安時代には西三川《にしみかわ》の砂金、織豊時代には鶴子《つるし》銀山が開発されており、佐渡に金・銀の鉱山が分布していることは古くから知られていた。慶長6年（1601年）、徳川家康にとっては絶好のタイミングで佐渡相川金山が発見され、幕府直轄とした。「天が下　二つの宝尽き

図8－6　佐渡島の金山分布（地質図Navi）

果てぬ　佐渡の金山水戸の黄門」と、狂歌で「宝」と称せられているとおり、それまで知られていた国内のいかなる金山とも比較にならないほど多くの金が得られた。とくに江戸時代の前期、幕府財政に大きく寄与し、先に開発されていた石見《いわみ》銀山の銀と併せ、金・銀・銭の三貨体制を担った。

また、これら貴重な鉱物資源が国内から発見されたおかげで、国を閉ざしつつもオランダと交易を続け、得られた書籍から当時の最新科学・医学の知識を導入することもできた。ただし、佐渡金山の最盛期はそれほど長くなく、元和（1615～24年）から寛永（1624～44年）年間にかけてといわれている。松尾芭蕉が河合曽良とともに、佐渡を遠くに眺め

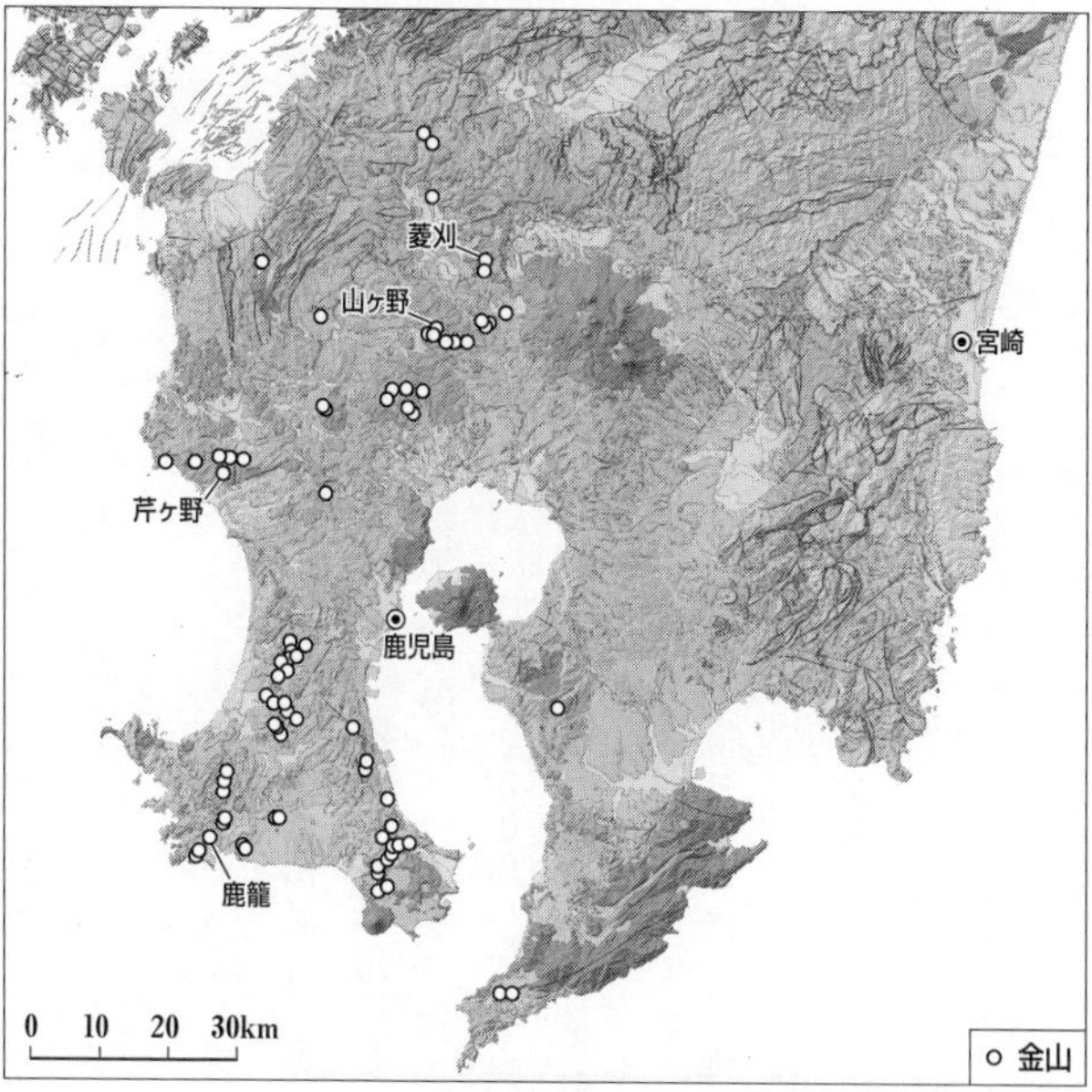

図8－7　薩摩の金山分布（地質図Navi）

ながら越後の国を南西へと歩を進めた元禄2年（1689年）には、金産出のピークは過ぎていたことになる。

佐渡相川金山からの金の産出量が減りはじめたぐらいから、薩摩で新たに山ヶ野《やまがの》・芹ヶ野《せりがの》・鹿籠《かご》金山などが開発された（図8－7）。しかし、産金量は佐渡相川金山にはおよばず、江戸時代を通して、幕府は金・銀のやりくりに腐心せざるをえなかった。その微妙な舵取りの様子については、高木久史『通貨の日本史』などに詳しい。

ちなみに、薩摩の金山は佐渡

や石見と異なり幕府直轄ではなく、島津藩が経営し、藩財政を支える大きな柱となるだけでなく、のちに倒幕や西南戦争の資金としても活用された。

佐渡金山の形成年代

佐渡相川金山の形成年代については議論がある。金が熱水から析出する際、ほぼ同時に作られる氷長石《ひょうちょうせき》という鉱物に対し、K-Ar法が適用され、これまで2300万年前と1400万年前という異なる二つの年代が得られている。これらは日本海の形成を中心に据えると、形成前の大陸の割れはじめの時期（2300万年前）、もしくは日本海の形成が終了し、本州も佐渡も現在の位置に落ちついてから（1400万年前）、という対照的な結果が得られたことになる。

他方、金を含む石英脈のレキが取り込まれている地層の年代から、前者の可能性が高いという指摘がある（島津光夫「佐渡相川金山」『日本地方地質誌4　中部地方』）。これを重視すると、日本海形成直前、大陸縁辺で地盤が割れて陥没したり、また火山活動が活発になりはじめている時代に、佐渡相川金鉱床が形成されたことになる（図8－2）。大陸が割れて分離する、という大イベントの冒頭に金鉱床が形成され、その金を含んだ列島が作られた。まるで一人立ちにあたっての餞別《せんべつ》のようだ。

なお、佐渡相川金山は浅熱水性《せんねっすいせい》金鉱床に分類され、あとで紹介する菱刈《ひしかり》金山と同じ成り立ちである。そのでき方についてはのちほど紹介する。

4　自立し真のジパングへ——菱刈金山

よみがえる黄金のジパング？

日本において金山の代名詞となっている佐渡も、1989年にはついに閉山。金鉱床の専門家、井澤英二の著書『よみがえる黄金のジパング』によると、佐渡金山からは断続的ながら約400年におよぶ歴史のなかで、総計83t（トン）の金が得られたらしい。オスのアフリカゾウでいうと14頭分に相当する重さだ。

それにしても、その本のタイトルは、なぜ「よみがえる」となっているのだろう。実は、佐渡とあたかも世代交代をするように、新しい金山が発見されたからだ。

1970年代、金とドルが変動相場制に移行し、また石油ショックも手伝って金の価格が上昇、日本列島でも金資源を見直そう、新たな金山を探しだそう、という機運が高まった。これまで知られていた金山の周りを最新の地球科学的な手法をもって探索が重ねられ、その結果見つかったのが、鹿児島県の菱刈金山である。このように書いてしまうと味も素《そ》っ気《け》もないが、むろん、多くの方々の血のにじむような努力の末、幸運の女神が微笑み、なんとか発見にこぎ着けたことはいうまでもない。発見までの経緯は、井澤（同右）などに詳しい。

菱刈金山の衝撃

この菱刈金山、発見当時から金の品位では世界でもトップクラスということで大きな注目を集めた。平均的な金山における金鉱石の品位が1〜2g／tのなか、菱刈の試掘の結果からは、数十g／tの品位が期待された。そして1985年に出鉱が始まり、累計産金量では、わずか12年で採鉱の歴史400年の佐渡を抜き、さらに2020年で250tに迫り、今も採鉱が続けられている。

図8－8に菱刈鉱山と同様、専門的には浅熱水性金鉱床に分類される世界の金鉱床のデータを示した。横軸が鉱石の存在量（単位はメガトンMt＝10^6t）、縦軸が鉱石における金濃度（g／t）である。菱刈金山がかなりの高品位であることがわかるだろう。

第7章で地球の鉄のほとんどが核に存在していることを述べたが、事情は金も同様である。地球が生成して間もないころ、鉄が地球の深部へと沈んで核が形成される際、金も併せて核へと運びさられてしまったのだ。地球の核の金濃度は隕石の研究などからおよそ1g／t程

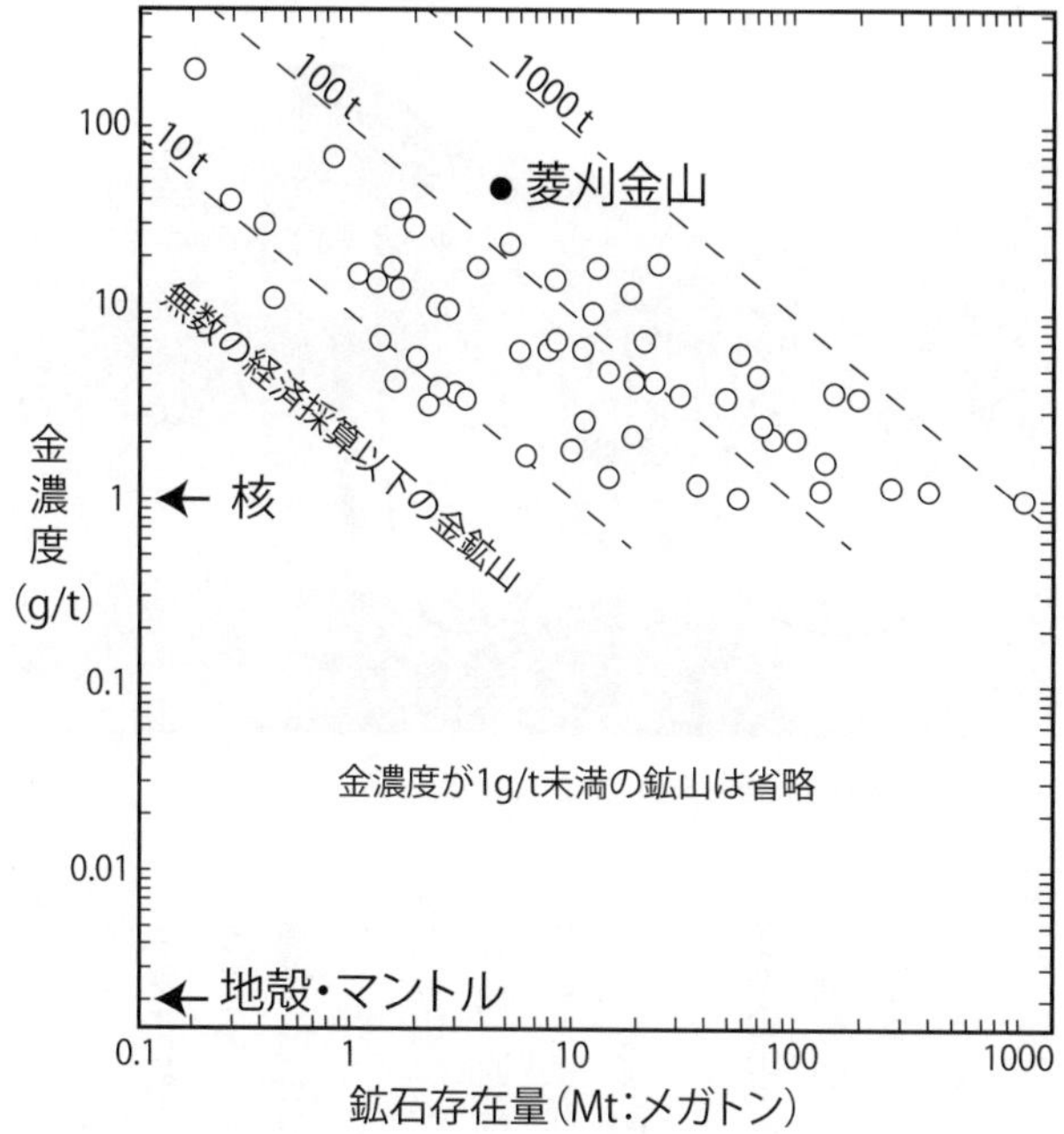

図８－８　**世界の浅熱水性金鉱床の鉱石量と金品位**（引用図）
引用元論文が出版されたときの菱刈金山の平均品位は 40g/t。2024 年現在、住友金属鉱山株式会社はこれまでの平均品位を 20g/tとしている。

度と考えられている。核そのものが巨大な金鉱床なのだ（図８－８）。

鉄だけでなく、金という視点でも地殻とマントルは「抜け殻」「出がらし」といってよい。この図の左下に示したとおり、地殻・マントルを構成する岩石中の金濃度はわずか２ppbほどである。つまり、１tの岩石のなかに含まれる金をすべてかき集めてもわずか０・００２gに過ぎ

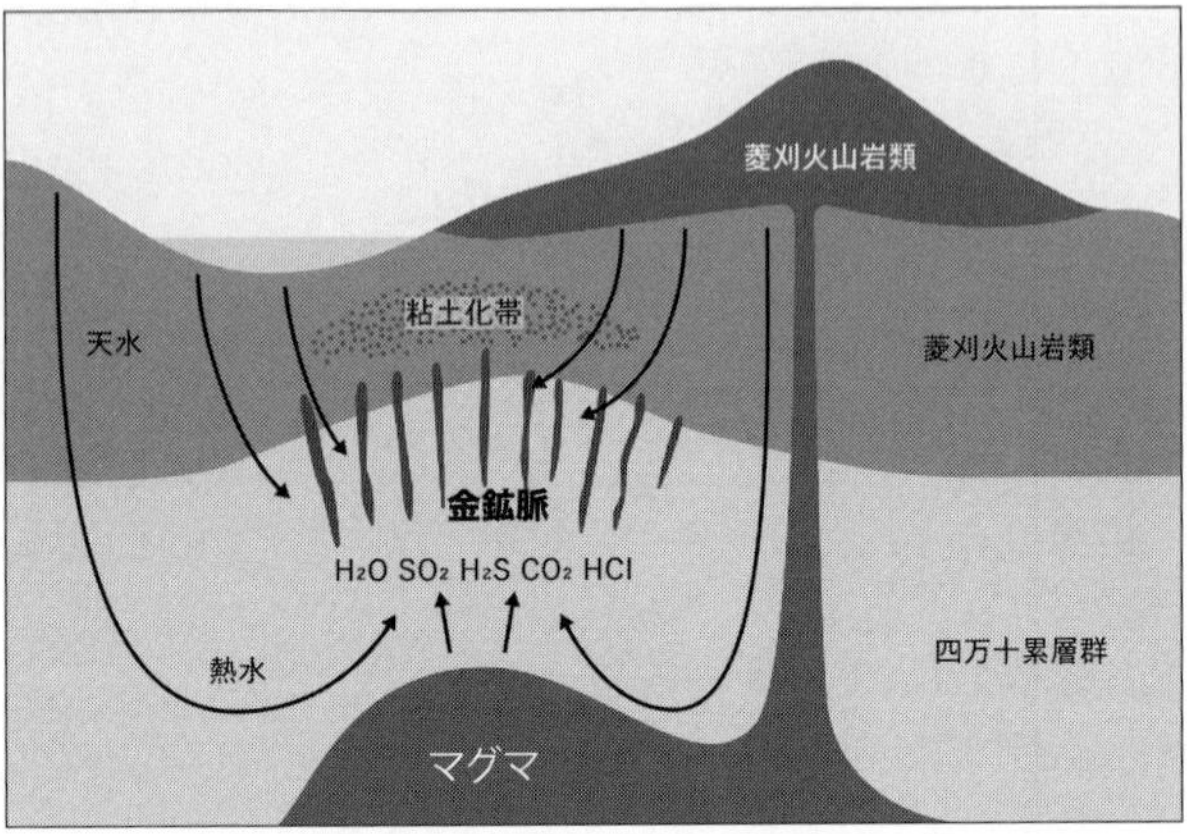

図8－9　浅熱水性金鉱床の代表的な生成モデル（引用図）

ない。「1トンの岩石」といわれても、その大きさがピンとこないかもしれない。平均的なイースター島のモアイ像は20t、大阪城の石垣のなかでもっとも大きい石は108tとされる。

通常の岩石中の金を最低でも500倍に濃縮して、やっと採鉱の対象となることがわかる。菱刈金山の場合、平均20g／t程度の品位だとすると、通常の岩石中の金が1万倍に濃縮していることになる。いったいなぜ菱刈の金の品位はきわめて高いのか。

菱刈金山のでき方

菱刈金山のような浅熱水性金鉱床のでき方を示したモデルが図8－9である。第3章でみた温泉のでき方（図3－3）とかなり似ている、というかほとんど同じだ。岩石中にほんのわず

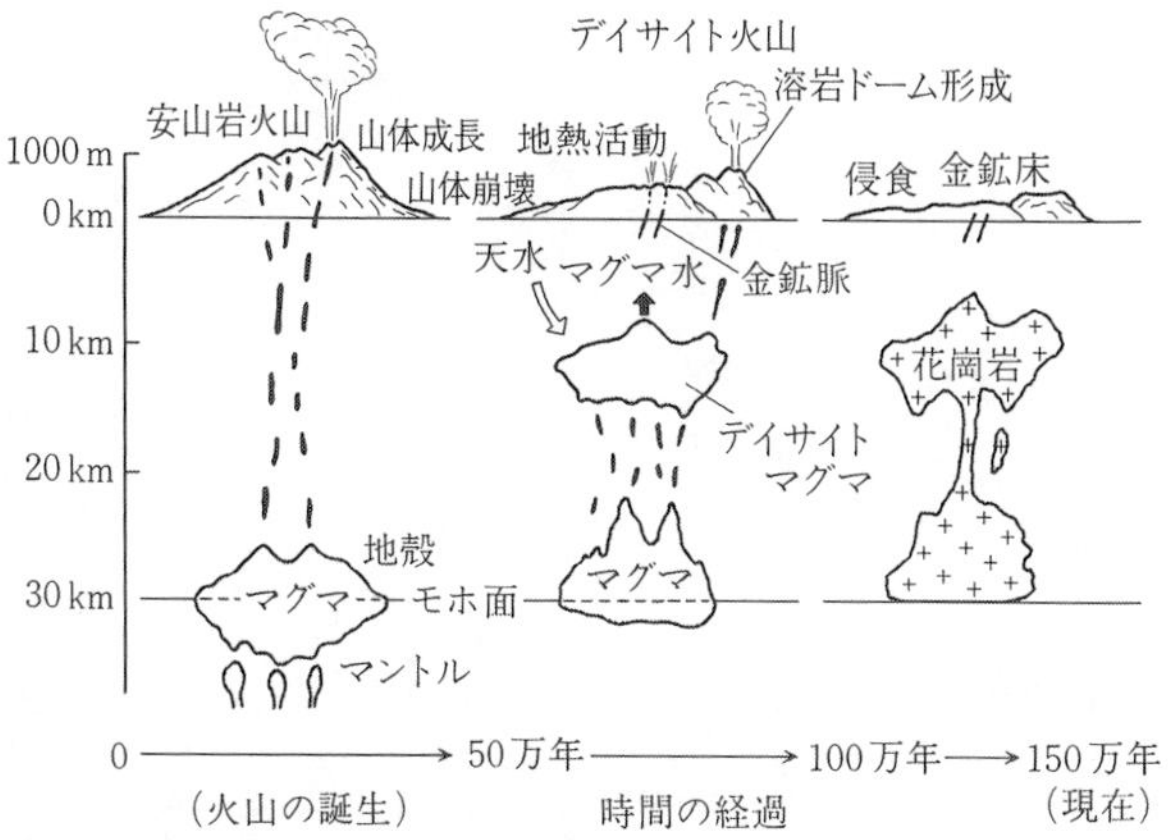

図8－10　**火山の一生と熱水系の形成**（引用図）
左からA、B、Cとする。Bの段階で金鉱床が生成される。

かに含まれる金を広い範囲からかき集める役割を担っているのは、水である。

第3章でも扱った酸素・水素同位体を用いて、その水の正体を探ると、なんとほとんどが雨水。この雨水が効率よく地中を巡るためには、ある種のカラクリが必要である。それがこのタイプの金鉱床の名称にもなっている浅熱水系だ。

日本列島のような島弧において、生成されたばかりの火山の根っこにあたるマグマ溜まりは、通常、地殻とマントル境界付近、深さでいうと30㎞ほどに分布している（図8－10A）。この状態では、高温のマグマは深すぎて熱水循環系は形成されない。

マグマは地表に向かってさらに上昇するとともに、マグマ溜まりの温度が徐々に冷え、マグマの組成が二酸化ケイ素（SiO_2）に富むようになるとマグマの粘性が高くなり、地上まで辿りつけないものが多くなる。そうなると、当初のマグマ溜まりよりもかなり浅いところ、地殻の上部に別のマグマ溜まりが形成されることになる（図8-10B）。これは最初にできたマグマ溜まりよりも温度は下がったものの、周辺の岩石と比較するとはるかに高温である。雨水が豊富で、岩石中に割れ目が発達している場合は、熱水系が生成される。すなわち、雨水が染み込み、マグマ溜まりの熱で温められ、岩石中の様々なものを溶かし込んで、上昇していく、ということが繰り返されるのだ。

水は優れた溶媒であり何でも溶かし込むが、金の溶解度は低い。砂金が地表で安定に存在できる背景でもある。しかし、熱水にマグマからの硫化水素が加わることで状況が変わる。金は硫化錯体《りゅうかさくたい》となると溶解度を増し、熱水中に効果的に溶け込むことができる。浅いところに存在するマグマ溜まりは、熱水を循環させる熱源であるだけでなく、岩石から金を溶かし出す「添加物」の供給源でもある。

金を溶かし込んだ熱水が、表層の水と混合し酸化状態が変化したり、もしくは浅いところに移動し圧力が下がることで沸騰すると、金が溶けていられなくなり析出してしまう。これが、地殻を作る岩石に微少に含まれる金をごく狭い範囲に濃縮させるシステムの概略である。菱刈では約100万年前にこれらの作用が起こった。また、先に紹介した佐渡相川金山では大陸が割れはじめた約2300万年前、あるいは本州も佐渡も現在の位置に落ちついた約1400万年前だ（図8－2）。

火山の下で金鉱床ができたのち、金を含んだ鉱脈が地表に露出するまでにはかなりの時間をまたねばならない（図8－10C）。マグマ溜まりは冷え、深成岩になっている。すでに地表の火山は侵食され、原型を留めていないことが多い。

第3章では、日本列島のような島弧では、沈み込んだプレートから放出された水により岩石の融点が下がり、マントルを作る岩石の一部が溶け、マグマが生成されると書いた。日本列島にたくさんのマグマ溜まりが存在できるのは地の底からの水のおかげというわけだ。そして、雨が多量に降り、地下数百mまで、雨水が染み込んでいってはじめて金鉱床が形成される条件が整う。空からの水と地の底からの水、どちらか一方が欠けても浅熱水性金鉱床は生成されない。両方の水に恵まれることが、金鉱床が形成される必要条件となる。菱刈金山は、まさに天と地の水の共同作業のたまものといえるだろう。

これが金鉱石？

金鉱床の専門家、浦島幸世《ゆきとし》の『金山—鹿児島は日本一』には、面白い記述がある。

「「菱刈から、金ピカの鉱石を持ってきて」と頼まれることがある。〔中略〕菱刈鉱床の鉱石は、大抵、白っぽいだけ、「人は見かけによらない」ことの見本のようなものである」

「金の鉱石といっても、期待に反して、見掛けはいたって地味な目立たないもので、もし金が見えたら、とても幸運だと思うほうがよい」

「菱刈鉱床の金粒はほとんど目に見えない。会社の人が、その本鉱床の1万1457粒の大きさを測定したら、その90％が1000分の5から1000分の25㎜（5〜25ミクロン）だった」

すなわち、世界最高クラスの品位を誇る菱刈金山からの金鉱石であっても金ピカではなく、肉眼では金鉱石には見えないのだ。視力がよかった奈良時代人、平安時代人をもってしても無理だろう。顕微鏡で観察するか、もしくは分析してみてはじめて金鉱石と認識できる。金鉱床のでき方にはいくつかのタイプが知られるが、日本列島のような新しく活動的な島弧に見られる浅熱水性金鉱床は、一つ一つの金粒が非常に小さいのが特徴だ。

放射性同位体を用いた年代決定により、菱刈金山における金の濃集・析出が起こったのは約100万年前といわれる（図8-2）。陸奥の金の約1億年前、佐渡の金の2300万年前、あるいは1400万年前と比較すると、非常に新しい。菱刈金山は、日本列島が大陸から「独立」し、完全に一人立ちして、現在の日本列島とほぼ等しい地球科学的な状況になってから作られたのだ。

別の言い方をすれば、金の濃集・析出が起きてから、人間に取り出されるまで、100万年しか経過していないことになる。侵食もさほど進んでおらず、われわれは地表から金鉱床が作られた場所まで孔《あな》を掘り進んで採鉱しているわけだ。技術が未発達であれば、あと数十万年～数百万年経過しないと手にすることができなかったものともいえる。われわれは、まだできたてホヤホヤの金鉱床を前借りして採掘していることになる。

まとめ

ここまで述べてきたように、日本列島は、豊富な金資源が存在する列島である。しかし、列島にホモ・サピエンスが移り住んでからほとんどの期間、その光り輝く金属は興味の対象外。国外の人たちと付き合うようになり、この世界で金がどのように扱われ、いかに渇望されているかを学び、徐々に気になる存在になる。

奈良時代の一大公共事業である大仏建立の最中、日本列島にも金が存在することが確かめられ、われわれはすぐ手に取れる砂金を手始めに、固い岩石に含まれる金鉱脈へと触手を伸ばし、さらには地下数百mまで掘り進み、黄金を求め続けた。

この砂金から金鉱脈へ、また地表から地下への金採鉱の歴史は、まさに日本列島が大陸時代、1億年前に形成された金鉱床から、大陸から自立するイベントとの関連で生まれた金、そしてついには、自立後にマグマ溜まりの周辺で作られたばかりの金鉱床へと採鉱の対象を拡げてきた道のりといえよう。

終　章　暮らしの場としての日本列島

1　鹿沼土の上で暮らしてみたい

とある分譲地にて

地質学の分野では、伝統的に実物を自分の眼《まなこ》で見る、ということが重視され、野外観察会のことを巡検《じゅんけん》と呼んでいる。岩石や地層が露出しているところは露頭《ろとう》と呼ばれ、もっぱらそういうところを訪れることが多い。ただ、露頭であればどこでもよい、というわけではない。とくに初学者を案内する場合は、露頭自体が壮大で美しく、かつ地質現象が端的に表現されているところが望ましい。できればよい第一印象を残したい。また、案内する側としても、そういう露頭のほうが説明しやすい。

しかし、そのような場は限られている。また、一旦「よい」露頭を見つけても、それが何

図終－１　水戸のとある住宅分譲地
ちょうど鹿沼土（赤城鹿沼降下軽石）の上面が売りに出されていた。

年も「よい」状態で保たれているわけではない。本書でも紹介したように、日本列島は雨が多く植生も元気だ。とくに第四紀の地層のように、それほど固結が進んでない場合などは、崩れたり、草木で覆われたり、ということがあっという間に進んでしまう。もしくはコンクリートやネットで被覆される、極端な場合は崖ごとなくなる、という人為的な改変もある。

そのようなわけで巡検には下見は欠かせない。図終－１は下見で見つけた、茨城県水戸のとある露頭である。というか、住宅分譲地だ。幸いまだ家はほとんど建っておらず、この状態なら少人数の巡検が可能かもしれない。

この住宅分譲地は緩やかな台地が標高ごとに数段に切り開かれて、徐々に売り出されていたのだが、ついに鹿沼土の上面が分譲されるにいたった。念のため説明するが、これは宅地開発業者が園芸愛好家や家庭菜園に興味のある購買層をターゲットとして、平地の上に鹿沼土を敷き詰めて売り出したのではない。関東ローム層を上から切り土《ど》していった結果、露出した面がたまたま鹿沼土だった、ということだ。

この下見をした当時、筆者は一戸建てを手に入れることは考えていなかったが、少し心が揺れた。職場からもさほど遠くない。庭に小さな畑を作るにしても、少なくともホームセンターに鹿沼土を買いに走る必要はない。同業者の何人かは物好きと笑ってくれるだろう。鹿沼土直上での暮らしについての夢想を止めるのに苦労した。

活火山のある都道府県・ない都道府県

第3章で日本列島に活火山が111個も存在する背景を紹介した。日本列島に海なし県は8つあるが、活火山なし県は、いくつあるのだろう。数えてみると、21府県もある。活火山は日本列島のなかにおいても、かなり偏った分布をしているようだ。

図終－2に日本列島で過去120年間に起こった火山噴火の回数を示した。ここでは火山噴出物が0・001㎦以上の噴火記録のみが抜粋されている。この規模の噴火は日本列島で

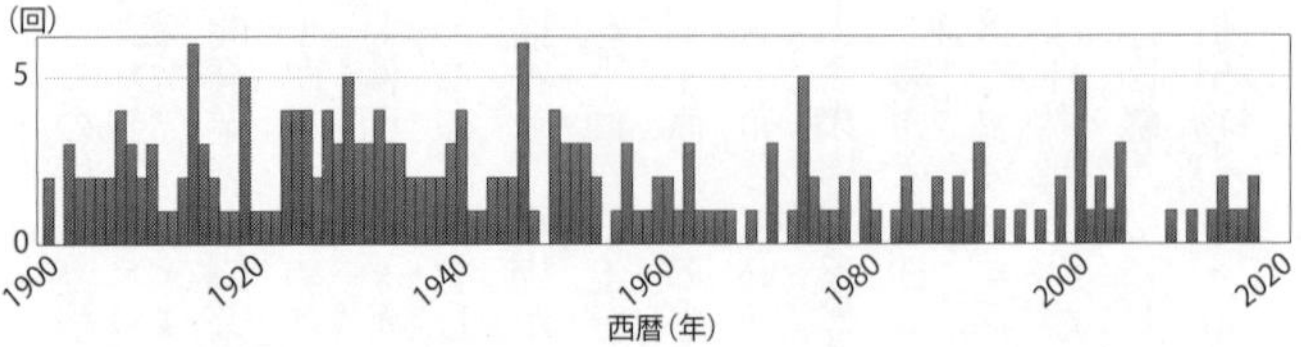

図終－2　過去120年間の火山噴火（引用図）
火山噴出物 0.001km³以上のもののみを表示。

は珍しいものではなく、毎年のように起こっていることがわかる。傾向としては、1940年代ぐらいまでは、毎年のように2〜3回噴火していたが、この30年間はやや不活発で、年に一度もこの規模以上の噴火が起こらない年が増えている。

小学校・中学校理科では火山が扱われるので、すべての国民が火山の基礎を学ぶが、噴火のニュースもまばらになるなか、多くの人にとって、火山はけっして身近なものではないことになる。

活火山がないところでは、小学校・中学校理科の授業で、生徒に馴染みのある地元の素材を紹介できない。富士山や阿蘇を扱っても、遠く別世界のはなしとなってしまいがちである。活火山を訪れる場合は、県境を越え、かなりの長距離を移動する必要がある。実物を味わってもらうにはけっこうな労力を要してしまう。

このように、火山は遠い。しかし、火山噴出物は飛んでくる。先ほど紹介した分譲地は活火山なし県茨城の県庁所在地である水戸だが、鹿沼土はれっきとした火山噴出物である。火山は都道府県の境界に頓着しないので、活火山なし府県でも火山噴出物なら手にとることができる。

赤城鹿沼降下軽石

鹿沼土は製品名にもなっている。約4万4000年前、赤城山の噴火によって放出された火山噴出物であり、学術的には赤城鹿沼降下軽石と呼ばれる（山元孝広「赤城火山軽石噴火期のマグマ噴出率と組成の変化」）。噴出源は群馬県の赤城山であるが、栃木県の鹿沼がこの軽石の一大産地であったため、鹿沼土の名がついた。

噴火の様式は、マグマが急速に発泡し、高さ数kmにおよぶ高温の噴煙柱が形成されるプリニー式噴火であったらしい。興味深いことに、赤城鹿沼降下軽石は赤城山を中心に同心円状に分布しているわけではない。噴出物は西風に乗り、東へ東へと流された（図終‐3）。ここで第4章での学びが生きてくる。日本列島が分布する中緯度は偏西風帯に位置するが、地表面周辺では季節や気象条件により様々な方向に風が吹く。一方、上空では一般に偏西風が卓越しているので、噴火の規模が大きく、上空高く舞い上がった火山噴出物はど東へ流される確率が高くなる。

なお、このように大気を介して広範囲に運ばれた火山噴出物をまとめてテフラとも呼ぶ。図終‐3で明らかなように、現在の水戸市は、噴火当時には厚さ32cm以上のテフラで覆われ

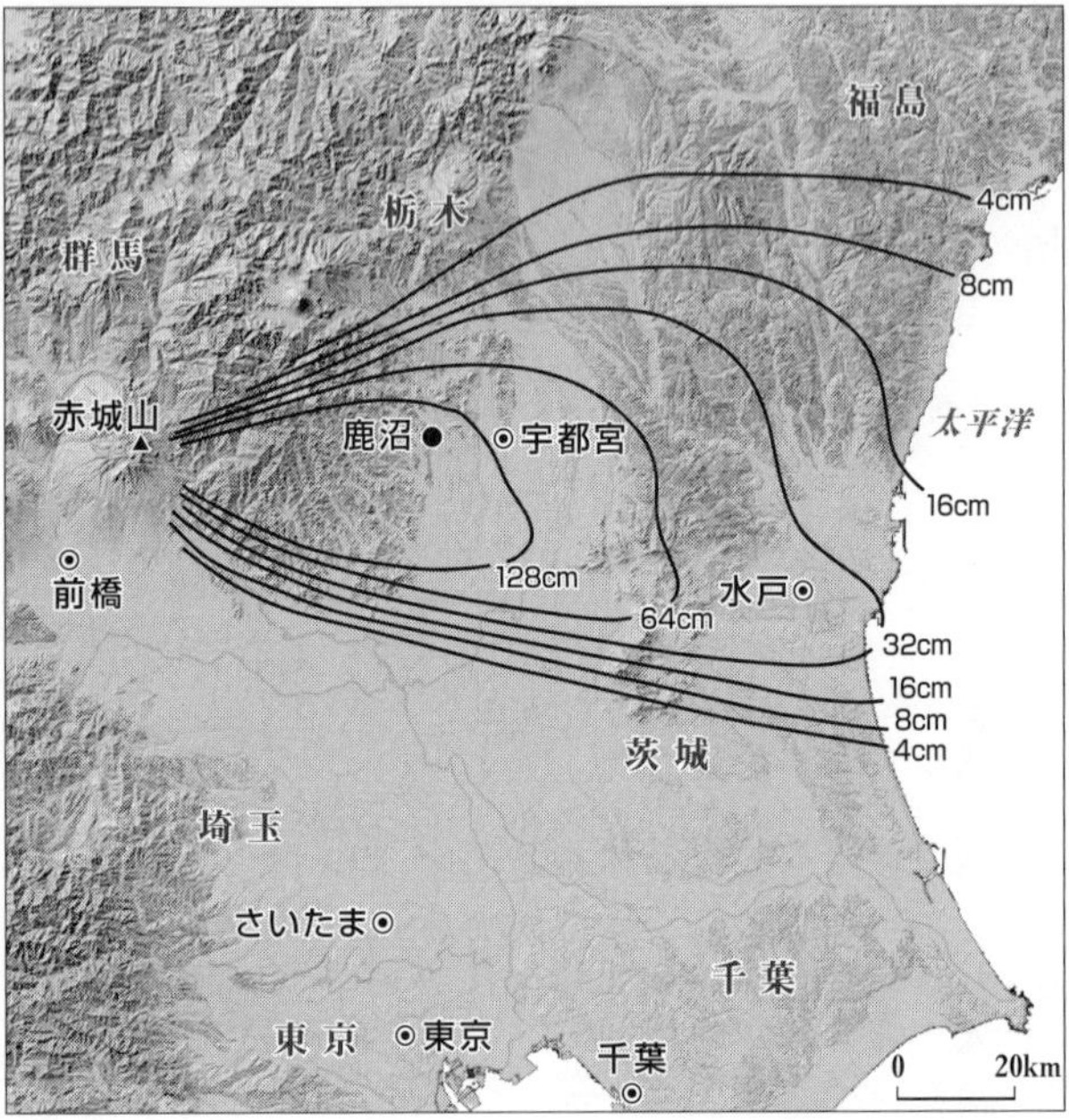

図終－3　赤城山から噴出したテフラの分布（引用図）

た。火口により近い栃木県では厚さ1mを超えている。総マグマ噴出量（DRE km^3）としては、2DRE km^{3}であり（山元、同右）、よく使われる爆発的噴火の規模の指標である火山爆発指数（VEI：Volcano Explosivity Index）で表現すれば8段階のうちの5となる。

噴火年代は約4万4000年前。日本列島に広範囲にわたってホモ・サピエンスが定住しはじめた年代は約3万8000年前とされるので、この噴火は無人の状況下で起こ

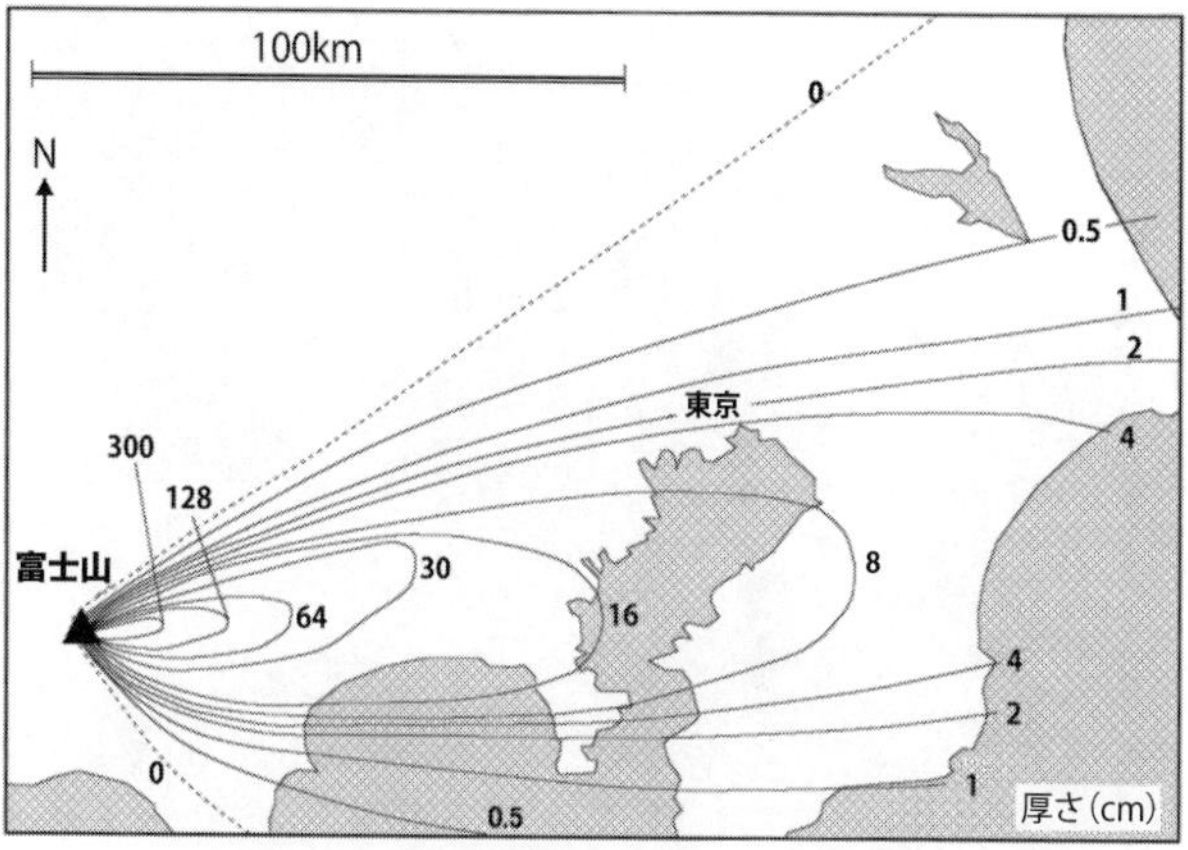

図終－4　富士山の宝永噴火、テフラの分布（引用図）

った出来事であり、自然災害（natural disaster）ではないことになる。

本書では、これまで数十億年、数千万年とはるか昔のはなしも扱ってきたけれど、それでも４万４０００年前という時間の長さは、実感が伴わないかもしれない。では、約３００年前ではいかがだろう。

富士山の宝永噴火

１７０７年（宝永４年）、富士山がプリニー式噴火を起こした。江戸時代に赤穂事件が起こったころのはなしだ。この宝永噴火の火口は富士山の南東斜面に今もくっきりと残り、新幹線から富士山を眺めると、右手側の斜面上に緩やかな凹みとして認識することができる。

噴火規模は先に紹介した赤城鹿沼降下軽石を

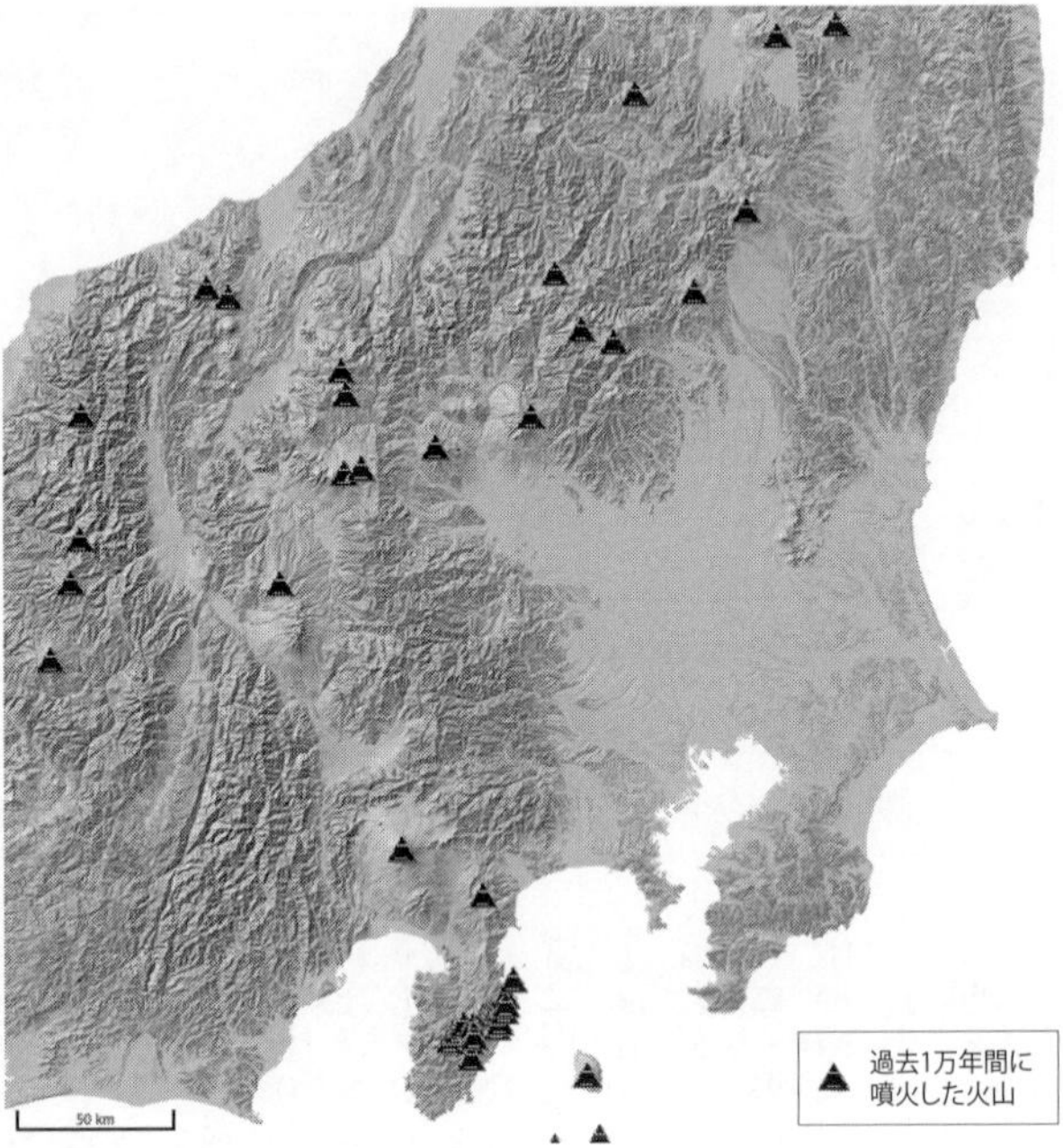

図終－5　**過去１万年間に噴火した火山**（地質図Navi）

放出した赤城山噴火の3分の1程度、総マグマ噴出量として、0・7DRE km^3 である（宮地直道・小山真人「富士火山1707年噴火〔宝永噴火〕についての最近の研究成果」）。

噴出物の分布は、やはり富士山を中心に同心円状に分布するのではなく、東北東へと流された（図終－4）。江戸は厚さ数㎜～数㎝の火山灰で埋め尽くされたことがわかる。この図から、風向きのほんのわずかな違いで、被害状況が大きく変わってしまうことが容易に想像できるだろう。

首都圏で一晩に数cmの雪が積もると、けっこうな大騒ぎになる。いうまでもなく、雪より火山灰ははるかにやっかいだ。まず、密度が大きい。そして、一粒一粒が非常に鋭利である。また、暖かくなっても融けずにそのまま残る。

活火山という視点で東京をみると、東京駅から直線距離で200km圏内、ちょうど西側に半円を描くように数多く分布している（図終－5）。西風が卓越する日本列島においては、まさに風上側にたくさんの活火山が分布しているという位置関係にある。

「丹沢軽石」の供給源

赤城山から鹿沼に飛んできた火山噴出物には鹿沼土という名称がついた。赤城山から鹿沼市までは直線距離で約50kmである。50km圏というと、東京駅からはつくば市や茅ヶ崎市、梅田駅からは大津市や明石市までの距離である。それぐらい離れているのに、供給源ではなく産地の名前がついてしまった。

かつて「丹沢軽石層」と呼ばれていた地層がある。これは関東ローム層に含まれる白色の火山灰層であり、神奈川県丹沢山地で明瞭にその分布を確認できることからその名がついた。1970年代、東京都立大学の研究チームの尽力により、この火山灰の供給源が明らかとなる。鹿沼土の供給源は50㎞西の赤城山だったが、丹沢軽石は、約900㎞南西の鹿児島湾の湾奥部、始良《あいら》カルデラだったのである。

丹沢軽石層は、丹沢山地で厚さ10㎝以上にもなるので、その供給源が1000㎞近くも離れた場所、という結論は、すんなりと受け入れられたわけではなかった。しかし、様々な研究者が追試し、データが増えるほどにこの説は補強され、今現在は誰も疑っていない。

それにしても、鹿児島で起こった火山噴火の噴出物が関東で10㎝以上の厚さで溜まっているというのは、どういうことなのだろう。現在、この噴火は約2万9000年前に起こったもので、その火山灰は丹沢山地だけでなく、九州・四国・本州をすっぽりと覆い尽くすほど大規模な噴火であったことがわかっている（図終-6）。

テレビやネット上で、火山を流れ下る真っ赤な溶岩流を目にすることがあるが、噴火の様式は実に様々である。日本列島では、高温の火砕物とガスが渾然一体となったものが火山の斜面を流れ下る火砕流も多数発生している。約2万9000年前に始良で起こったこの噴火によって、火砕流が九州の南半分を覆い尽くした（図終-7）。

1991年の雲仙普賢岳の火砕流をご記憶の方であれば、その規模の違いに驚くかもしれない。普賢岳の場合は、高温の火砕流が東側の斜面を約5㎞流れ下った。一方、はるか昔に現在の鹿児島湾の湾奥部から噴出した入戸《いと》火砕流は、火砕流堆積物の分布から半径数十㎞の

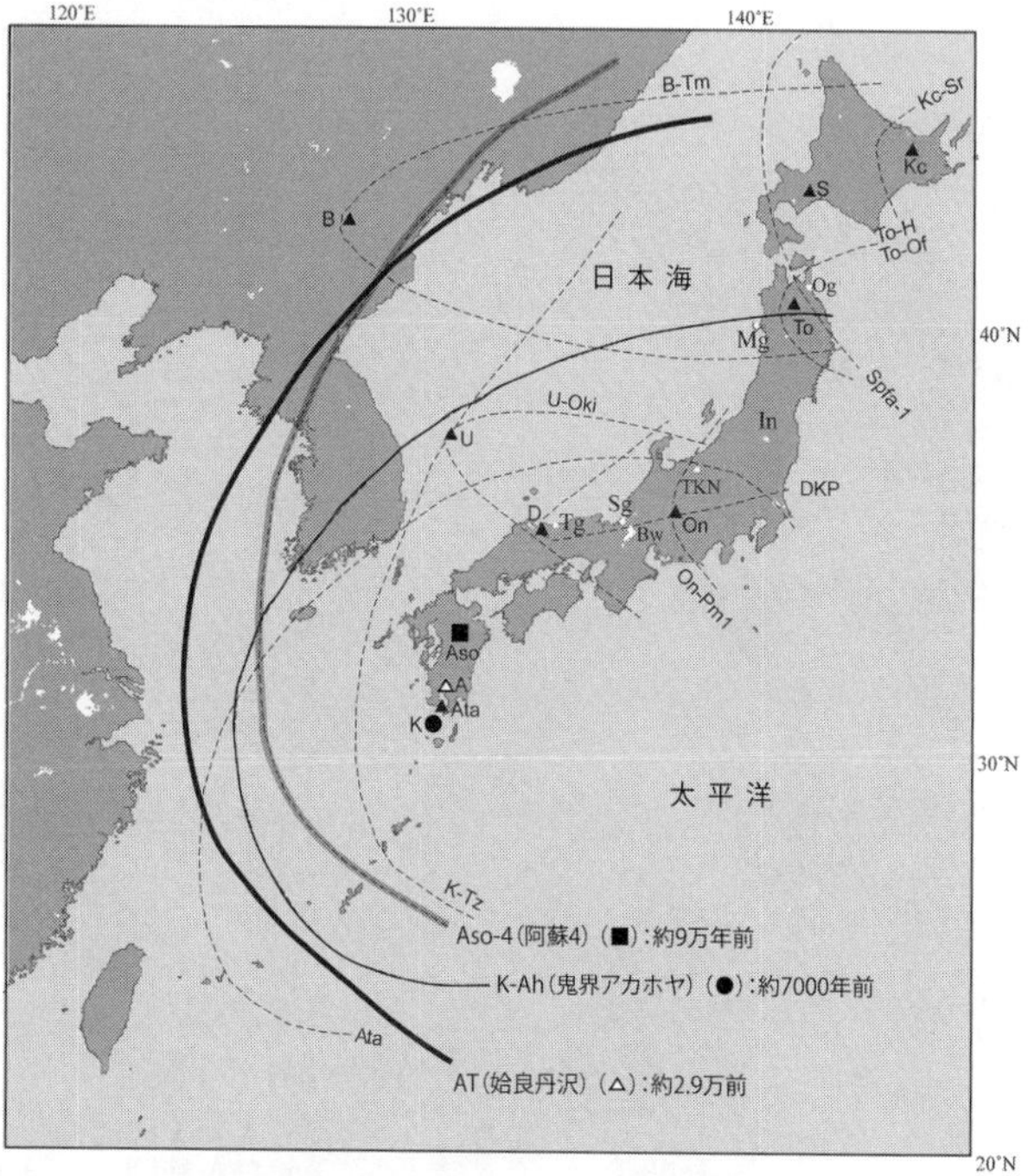

図終－6　過去10万年間の大噴火のテフラ（引用図）

範囲に広がったことがわかる。そして、この火砕流堆積物こそが社会科で習うシラスである。

　約2万9000年前、姶良カルデラを作った火山噴火は、火砕流で周辺数十kmの範囲を高温の火砕流で焼き尽くし、かつ上空まで到達した噴出物は風に乗り、北海道を除く、日本列島全体を覆い隠したことになる。縄文時代よりもさらに前の旧石器

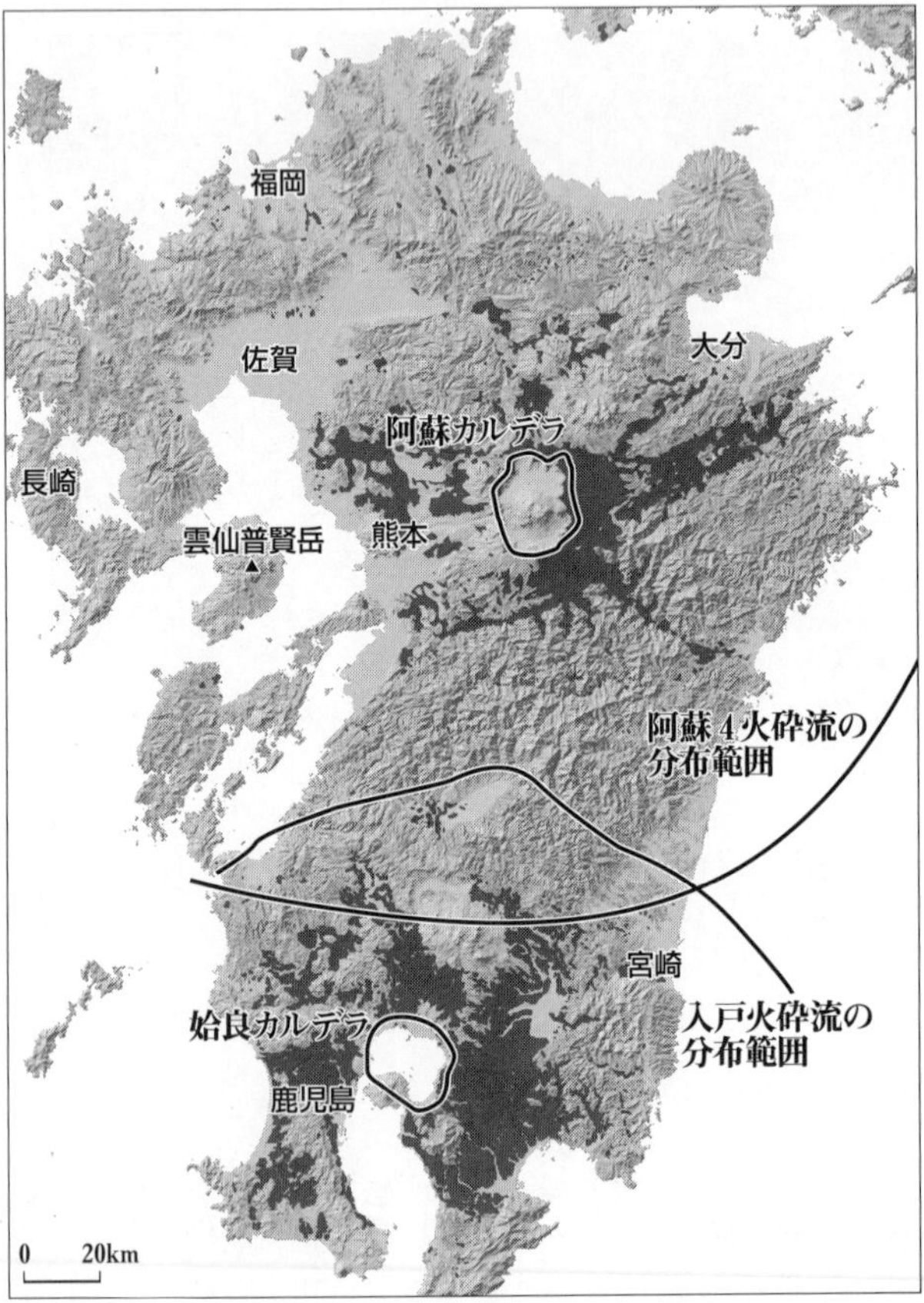

図終－７　入戸火砕流（約2.9万年前）、阿蘇４火砕流（約９万年前）、の到達範囲（シームレス地質図V2）

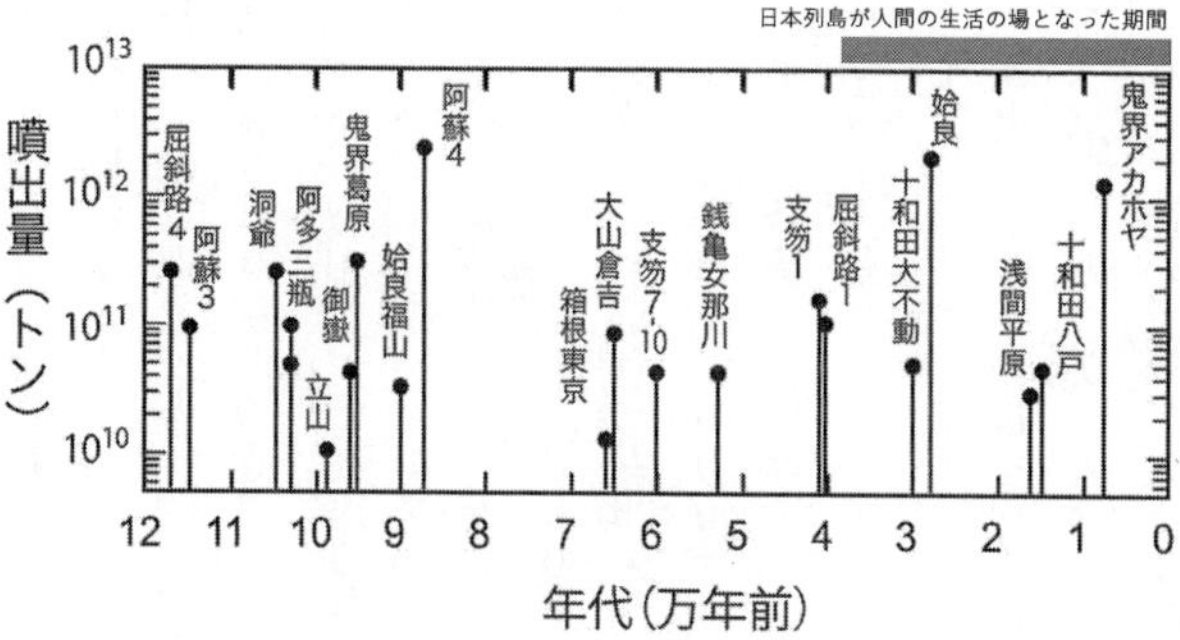

図終－8　過去12万年間の巨大噴火（引用図）

時代、この噴火は、日本列島の自然環境を一瞬にして変え、動植物に大きな影響を及ぼしたことだろう。

人々にも大きなダメージをもたらしたはずだが、当時、定住生活は始まっておらず、遺跡に残された証拠からその影響評価を行うことは難しい。現在、この火山灰の分布範囲には多くの人々の生活があり、高度に情報・機能が集積した大都市がいくつも存在している。図終－6や図終－7は、あるいは淡泊な地図に見えるかもしれない。しかし、その意味するところを知った途端、信じたくもない、世にも恐ろしい図に見えてくるはずだ。

超巨大噴火の発生頻度

それにしても、これほどの大規模な噴火はどれくらいの頻度で発生してきたのだろうか。図終－8に過去12万年間の巨大噴火を示した。ちなみに、この図では、本章冒頭でみた約4万4000年前に赤城鹿沼降下軽石を噴出した噴火は表現されていない。総火山噴出物の質量が10^9ｔの桁であるためだ。

この図によると、約2万9０００年前の噴火に匹敵する総火山噴出量が10^{12}ｔを超えるような噴火は、過去12万年間で三度しか起こっていない。約9万年前の阿蘇の四度目の噴火、約2万9０００年前の姶良、約7０００年前の鬼界アカホヤである。それぞれの噴火における火砕流と火山灰の到達範囲をまとめた図終－6から、噴火による影響が全国規模に及んでいたことが理解できるだろう。

本書で再三述べてきたように、この列島にホモ・サピエンスが多数の生活痕を残すようになったのは、約3万8０００年前である。すなわち、旧石器人たちは、九州の南半分が高温の火砕流で焼かれ、九州・四国・本州が火山灰で覆われた2万9０００年前の噴火を経験し、縄文人たちは約7０００年前、姶良よりもさらに南の薩摩硫黄島付近で起こったほぼ同規模の噴火を経験していたことになる。また注記すべきは、これら過去12万年間の三大噴火は、いずれも九州で起こっているという点である。日本列島付近の風向きを考慮すると、これは良いニュースではない。

総火山噴出物の量を10^{10}ｔを超えるものに限り、大雑把に平均すると約6０００年に一度、日本列島のどこかで大きな噴火が起こることを意味する。縄文時代以降に着目すると、約7０００年前の鬼界アカホヤを最後に、10^{12}ｔ級はもとより、それより二桁小さな10^{10}ｔ級の噴火も起こっていないことがわかる。

火山噴火という視点で日本列島をまとめるとすれば、活火山が111個あり、VEIが2以上の噴火は毎年のように、噴出量10^{10}tを超える噴火は約6000年に一回起こる、西風が卓越した列島、となる。しかし、過去7000年間は巨大噴火も起こっておらず、安定した海水準と同様、「7000年間の僥倖」といえるだろう。そして、両者を比較した場合、人間生活に及ぼす影響の大きさ、即時性という意味において、巨大噴火のほうが影響大であることはいうまでもない。

日本列島に築かれた現代社会は、兵庫県南部地震という都市直下型地震、そして東北地方太平洋沖地震という海溝型の大地震とそれによる津波に遭遇したが、火山の巨大噴火は未経験、ということになる。

2　「揺れる国」での経験

「揺れない国々」の人々の驚き

地震についても少しみてみよう。幕末のころのはなしだ。江戸幕府は1858年に米国と修好通商条約を結んで以降、オランダ、ロシア、英国、フランスと同様の条約を締結し、欧米諸国との貿易を開始した。現在の関税法では、京浜港、神戸港など112港が開港として指定されているが、幕末に開港とされたのは、神奈川（横浜）、長崎、箱館（函館）、兵庫（神戸）、新潟の五つであった。五つの港のうち、外国人の滞在数がとくに多かったのは横浜であり、1874年には2000人を超えていた。

滞在中の外国人を驚かせた日本の自然・風物・習慣はたくさんあるが、そのなかの一つが地震である。それは、恐れおののきの対象であり、多くの人がその様子を日記や日本回想録に残した。その衝撃は、「揺れる国」の住人が「揺れない国」を訪れた際に感じる、ちょっとした習慣の違いや違和感とは比べるまでもない。

やがて、明治新政府が発足し、貿易関係者に加え、いわゆるお雇い外国人たちも日本に滞在するようになる。もちろん、彼らも同様に地震に驚いたわけだが、学者としての習性で、ついに地震を観測しはじめる者が現れる。東京気象台のヘンリー・ジョイナーは1875年から地震計を活用し観測を開始している。その結果は毎年「地震観測報告」として、地震が観測された日時、揺れの強さ、揺れの方向が公表された（泊次郎『日本の地震予知研究130年史』）。

そんな矢先、1880年（明治13年）2月22日、横浜から東京にかけて強い地震が起こった。この地震でもっとも揺れがひどかったのは横浜で、震度4〜5とされている（宇佐美龍夫ほか『日本被害地震総覧　599－2012』）。これは、修好通商条約締結の翌年に横浜の港が開かれてから、外国人居留地に被害が出た最初の地震となった。被害の状況は、死者2名、家屋等のわずかな損傷、と歴史上の大震災と比較すればとくに大きなものではないが、「揺れない国」から来たお雇い外国人の科学者や技術者たちの心を揺さぶるには充分であった。設立地震からまだ1ヵ月も経たない3月11日、彼らが中心となり日本地震学会を設立する。設立直後の会員構成は、日本人が32％に対し、日本在住の外国人が53％と過半数以上を占めていた（残りは在外会員）。地震という現象がいかに外国人の興味を引き、研究団体設立の大きな力になっていたかをうかがい知ることができる。

日本地震学会設立の中心人物の一人が、英国人のジョン・ミルンである。彼は船旅が大嫌いで、まだシベリア鉄道も開通していない状況下、すったもんだの末、シベリアの大地を横切り、最低限の船旅に耐え、なんとか日本まで辿りついた（金光男「お雇い外国人地質学者の来日経緯　9」）。ミルンの専門は非常に幅広く、地質学、鉱床学、地震学、人類学者、考古学におよぶ。そんな彼の目には、変動帯である日本列島はとても新鮮に映ったらしく、ことさら地震に興味を示し、日本地震学会の初代副会長となった。また、自ら地震計の開発も担った。

首都くらべ——ロンドンと東京

ここでミルンの出身地である英国と日本の首都、ロンドンと東京を比べてみよう。本当なら彼が日本で暮らしていた約20年間（1876〜95年）を比較してみたいところだが、残念ながら当時はどちらの国でも地震観測網が構築されていない。そのため、ここでは2000年〜19年の20年間で比較してみる（図終-9）。

この20年間、マグニチュード2・5以上に限ると、ロンドンとその近郊では五つの地震が観測されている。一方、東京とその周辺では、実に約700である。中緯度に分布する島国、さらに顕生代の変動帯という共通項がありながら、ロンドンが位置するグレートブリテン島の南部ではもう数億年前に造山運動が終わってしまっている。現在も活動的な島弧である日本列島とは大きく状況が異なるのである。もちろん、東京とその周辺地域が揺れるのは、ここに示した範囲内で起こった地震だけが原因ではない。地震の規模が大きければ、この範囲外で起こった地震によっても大きく揺さぶられることは、2011年にも経験済みである。しかし、この二つの場所の地球科学的な背景がまるで異なることは、この図を見ただけでも直感的に理解できる。

同じ島国であっても、複数のプレートからなりプレート境界が近接する日本列島に対し、

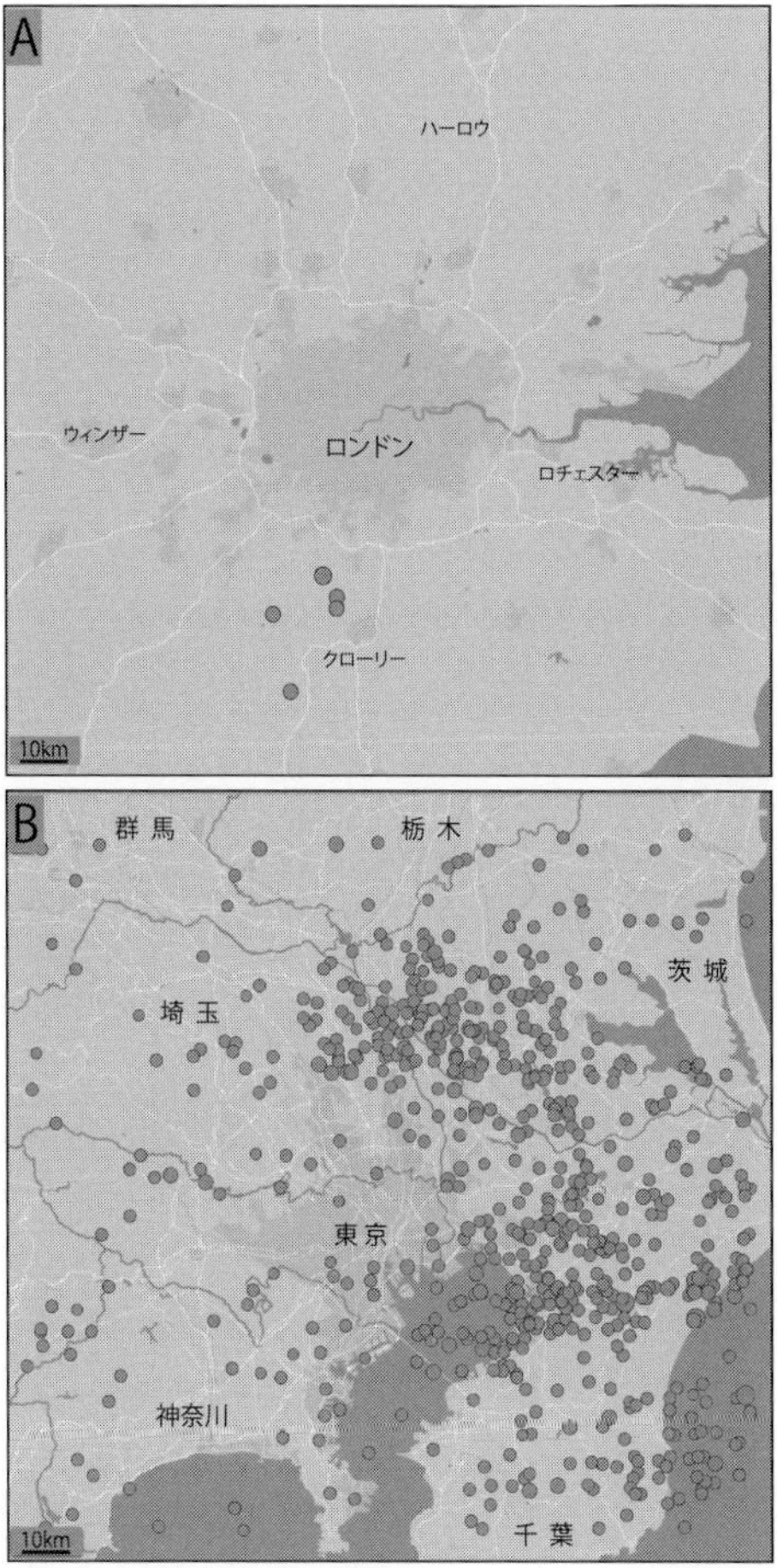

図終－9　ロンドン（A）・東京（B）とその周辺の地震（USGS "Earthquake Catalog"）
2000～19年。M2.5以上。

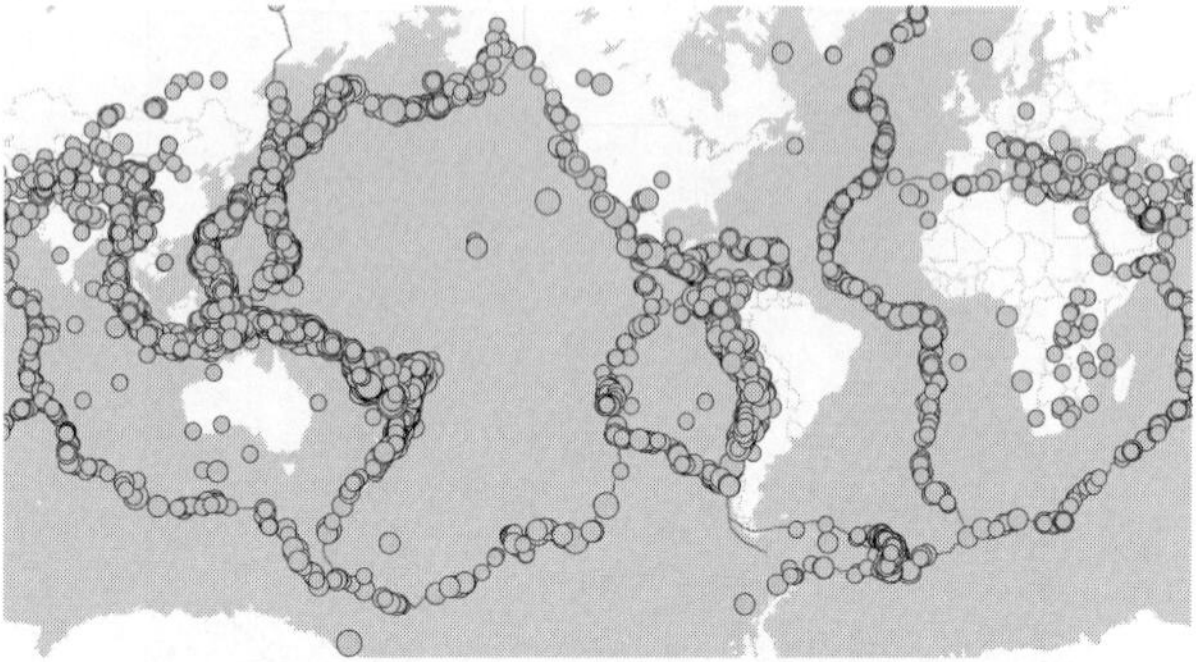

図終－10　世界の震央分布（USGS“Earthquake Catalog”）
2022年1月1日～12月31日。M4.5以上。

一枚のプレート上に載り、プレート境界からも遠い英国とでは、地球科学的な状況がまったく異なる（図終－10）。ミルンが日本の地を踏んだのは、アルフレッド・ウェゲナーが『大陸と海洋の起源』において大陸移動説を提唱する40年も前であり、もちろんプレートテクトニクスはその片鱗も現れていない。しかし、世界には祖国と著しく地球科学的な状況が異なる土地が存在している、という点は、しっかりと彼の身体に刻み込まれたに違いない。

3　日本列島で暮らすということ

生まれてくる時代と場所

生まれてくる時代と場所は自分で選べない、といわれる。特別な信念があって日本列島に暮らしている人もいるだろうが、多くは「なりゆき」でだろう。日本列島で生まれ、教育を受け、そこで暮らしている。再三述べてきたとおり、この列島は地球科学的には新しく、かつきわめて活発な変動帯に区分され、気象学的には大陸の東に分布するモンスーンかつ台風来襲域だ。乗りこなすことが容易ではない「じゃじゃ馬」「暴れ馬」である。安全・防災という視点では、活火山、地震、台風は、好ましいものではない。しかしこれらは風光明媚な景観、肥沃な土地、豊富で美しい水、よりどりみどりの温泉、さらには浅熱水性金鉱床の生成と裏表の関係にあり、成立要因の一部になっている。「良いとこ取り」はできないのだ。

火山に関しては、われわれの先祖は、2万9000年前や7000年前の巨大噴火できわめて大きな被害を被ったはずだが、少なくとも命をつなぐことができた。しかし、事前に備え、準備に準備を重ねた結果として生き残ったわけではない。完全に独立した集団が列島の様々なところに分散して生活していたという点が幸いし、被害を受けなかった、もしくは被害の程度が小さかった地域の集団が命をつなげたのだ。

繰り返しになるが、現代人は最初にこの地を踏んだフロンティアではない。先人たちのたえまのない科学研究によって、列島の成り立ち・特徴は理解され、使える資源についての知識は蓄積されている。また、約3万8000年間の生活経験も持っている。それら広範の知恵を、日本列島の使い方・日本列島での暮らし方に反映させることが可能な時代に生きている点に、もっと自覚的になるべきではないのか。一方で、地震や火山噴火が、いつ、どこで、どのような規模で起こるか、ということは依然として予測不能である。この点は、今後も大きな変化はないだろう。

積極的・戦略的に分散する

地球科学的な時間・空間スケールで国土のあり方、都市のあり方を考えた場合、謙虚になることが第一歩であろう。すなわち、自分たちは、日本列島という「じゃじゃ馬」をまったく乗りこなせていない、経験不足のビギナーと自覚した上で、安全策・消極策を講じるしかないと考える。中国のSF作家劉《りゅう》慈欣《じきん》も『三体Ⅲ　死神永生』で「生存の障害となるのは弱さや無知ではない。傲慢こそが生存の障害となる」と書いている。

できることはいろいろとあるだろうが、すぐ思いつくのは、一極集中是正への舵取りである。この主張は、巽好幸『地震と噴火は必ず起こる』で繰り返し述べられている人口と機能の分散、また、結果的には田中角栄が『日本列島改造論』で主張した自己完結性が高い地方都市の整備と同様の方向性である。

地球科学的な観点で日本列島を見直した場合、一極集中や安易な「選択と集中」は悪手である。第3章の末尾では、孫子の兵法も参考にして「水攻めが運命づけられた列島」での身の処し方を考える際、「分断」がキーワードになるのでは、と結んだ。土地柄として、分断をうながすような圧力が働くのであれば、無理に集まらず、分散しつつ有機的につながる道筋を模索するほうが理にかなっている。

「卵を一つのかごに盛るな」は、日本列島ではことさら守るべき金言なのだ。旧石器人や縄文人は無自覚的にこの戦術を採り、この列島での天変地異を生き残ってきた。われわれもこの教訓を積極的に生かすべきだろう。もちろん今から狩猟採集生活に戻ることはできない。方向性のみ学べばよいのだ。

もう一つのレッスンの結果、われわれは都市が経済的・文化的に重要な場であることも体感している。営利を目的とするならば、効率的な集積の経済は欠かすことができない。また、個人として考えた場合も、都市で暮らすことのメリットは大きい。仕事を得るチャンスが大きいだけでなく、食・文化・教育・娯楽・医療などなど、もろもろの機会・選択肢が確保される。

現在、東京都市圏には３５００万人が暮らすが、これはよく考えると明治13年（１８８０年）当時の日本の全人口に相当する（鬼頭宏『人口から読む日本の歴史』）。高騰する住居費・長距離通勤・混雑する交通機関等々のデメリットもあるなか、それでもこの人口集中に歯止めがかからないのは、それらを凌駕するだけの利点がある、ということの左証だろう。都市への人口集中は、もちろん日本だけの現象ではなく、世界的傾向である。現在、世界人口の55％が都市部で生活しているが、この傾向はさらに顕著になっていくと考えられている。

一見、東京都市圏には異常なほど人口が集中しているようにみえるが、東京都市圏に3500万人は多すぎる、という議論には確証がないという主張もある（金本良嗣・大河原透「東京は過大か」）。これは、算出された「適正人口規模」との比較の上の議論である。地球科学的な背景を考慮せず、日本列島が安定大陸であれば、それもよいのかもしれない。しかし、本書で繰り返しみてきたように、ここは「慈悲深い列島」である一方で「危険な列島」でもある。一言でいえば「すごい列島」となる。

「すごい」の意味を辞典で引いてみよう。普段われわれがとっさに口にしてしまう「スゴい！」という意味に加え、「ぞっとするほど恐ろしいさま」を表す。というか、辞典ではこちらの意味のほうが先に紹介されている。一面的な褒め言葉ではないのだ。

この「すごい列島」でどう暮らしていくべきか。旧石器人・縄文人を見習い、積極的に散らばりつつ、日本の各地に独立性の高い都市を維持していく、という問いへの落とし所を探ることが、変動帯に暮らすわれわれに与えられた定めであろう。本書は、その方向性を提示して結びとしたい。

あとがき

２０１９年以前の世界。そこで、われわれは移動につぐ移動の日々だった。オンラインの会議は一般的ではない。打ち合わせ、小さな会合はもちろん、長期にわたる野外での調査まで、国の内外を問わず、生活の場を離れ、現地へと赴いていた。いそいそと荷造りをして、目的地に応じた交通手段で身体を運んでいたのである。

どうにか辿りつき、さてと、と最初に外気に触れた瞬間、空気の軽重、湿度、香り、光の強弱にしばしたじろぐ。ゆっくりと身体をなじませていると、徐々に行き交う人たちの顔の表情、景観を作る事物の色彩、山の木々の生え方、川の流れる方向と速さ、緑の濃淡、街のつくりなどに目を配る余裕も出てくる。

やがて、それらにさほど注意が向かなくなったころ、旅先からまた家路へと向かうのだ。富士山が目にとまれば、しばし凝視する。羽田上空を旋回すれば、おのずと東京湾を縁取る建築群を目で追う。日が傾いた初冬の成田からの帰路、フロントガラス越しに見える低地と台地の繰り返しは呆れるほどに侘《わ》びた色だ。日々の生活のなかで気になる存在ではなかったはずの田んぼと畑、里山の木々は新鮮なかたちで目に映り、ああ、こんなところで暮らしていたんだ、とつかの間放心する。そして、明日からの仕事は一旦棚上げし、親しい人たちとの再会を素直に喜びあうのだ。

本書では、これら旅先で感じた違和感、驚き、疑問、そしてまた普段の生活の場に戻っていく過程で得た気づきを、自分の言葉で表現することに主眼を置いてみた。そしてその過程は、結局のところ日本列島について考え、語ることと同義である。

日本列島について学ぶほど、その成立における偶然性や特殊性に目が行くことになる。愛情も湧く。ここでまた、小松左京『日本沈没』の主要登場人物である田所博士の言葉を借りると、

「そりゃ、自分が生まれた土地というひいき目はありましょう。しかし――気候的にも地形的にも、こんなに豊かな変化に富み、こんなデリケートな自然をはぐくみ、その中に生きる人間が、こんなにラッキーな歴史を経てきた島、というのは、世界じゅうさがしても、ほかになかった」

となる。まさにその通りなのだ。

一方でこの列島は、多くの利点・長所とは裏返しの厳しさや危険性もたっぷりと兼ね備えた「すごい列島」だ。小松は、その残酷さをこの列島の住人に強烈なかたちで訴えるべく、日本列島を沈めてみせてくれた。

本書では、小松ほど過激にはなれなかったが、芭蕉など先達の力も借りつつ列島の成り立ちを見返し、様々な資源を整理して、台風の来襲地であり、かつ火山列島になる背景を示した。『日本沈没』で描かれたように完全に海水に没するわけではないが、広範囲にわたって列島が火山灰に覆われることは、まったくSFではない。その点はあえて終章で強調した。個人的な背景に基づく小論が、なんらかのかたちで読者の皆様が日本列島を捉えなおすきっかけになれば、このうえない幸せである。

なににつけても不器用、守備範囲が狭く、一人で完結した研究者ではないので、これまで多くの皆さんのお力を借りるしかなかった。そのため、たくさんのお世話になった方々、お詫びをしなければいけない方々のリストがあるのだが、ただお名前を連ねさせていただくだけではかえって不義理というものだろう。ここでは、本書に直接関係する、日本列島の成り立ちをご教授くださった牧野泰彦・小川勇二郎、地球環境変動と鉱床生成の機微についてご教示いただいた佐々木昭・梶原良道・臼井朗・中野孝教・川幡穂高・小室光世、資源と文明の関わりについて薫陶くださった大町北一郎・原田憲一の十先生のお名前を挙げ謝意を表したい。

本書のいくつかの章は、生環境構築史（ＨＢＨ）によるwebzineで連載されていたものである。ＨＢＨの皆さんには、公表の場をご提供いただくとともに、叱咤激励いただいた。厚く御礼申し上げたい。

最後になるが、30歳近くまで学生を続けていた長男に小言ひとつもらさず見守ってくださった両親と妹、私一人では断じて近づきもしないところに連れ出してくれた清川昌一さん、そして初稿の最初の読者として的確だけど厳しい指摘をいとわなかった妻に心よりの感謝をしつつ筆を擱《お》くことにする。

伊藤　孝

第2章　成り立ち
「鏡の日本列島4：芭蕉と歩く「改造」後の日本列島」『生環境構築史webzine』（4）2022年5月6日公開
第3章　火山の列島――お国柄を決めるもう一つの水
「鏡の日本列島5：「お国柄」を決めるもうひとつの水」『生環境構築史webzine』（5）2022年11月4日公開
第7章　元祖「産業のコメ」――列島の鉄
「鏡の日本列島3：鉄なき列島」『生環境構築史webzine』（3）2021年10月4日公開

1993年

第7章
菅沼悠介『地磁気逆転と「チバニアン」』講談社、2020年
月村勝宏『地球46億年 物質大循環 地球は巨大な熱機関である』講談社、2024年
宮本英昭・橘 省吾・横山広美『鉄学137億年の宇宙誌』岩波書店、2009年
高橋正樹『花崗岩が語る地球の進化（自然史の窓7）』岩波書店、1999年

第8章
浦島幸世『金山――鹿児島は日本一』春苑堂出版、1993年
井澤英二『よみがえる黄金のジパング（岩波科学ライブラリー 5）』、岩波書店、1993年
宮崎正勝『黄金の島――ジパング伝説』吉川弘文館、2007年
村上 隆『金・銀・銅の日本史』岩波書店、2007年
高木久史『通貨の日本史――無文銀銭、富本銭から電子マネーまで』中央公論新社、2016年

終章
巽 好幸『地震と噴火は必ず起こる――大変動列島に住むということ』新潮社、2012年
萬年一剛『富士山はいつ噴火するのか? ――火山のしくみとその不思議』筑摩書房、2022年
高橋正樹『破局噴火――秒読みに入った人類壊滅の日』祥伝社、2008年
中谷礼仁『動く大地、住まいのかたち――プレート境界を旅する』岩波書店、2017年

初出一覧

＊まえがき、第4章、第5章、第6章、第8章、終章、あとがきは書き下ろし
以下、オンラインで公開されたものを改稿

序　章　日本列島の見方
「鏡の日本列島1：「真新しい日本列島」の使い方を考えるために」『生環境構築史webzine』（1）2020年12月4日公開
第1章　かたち――1万4000の島々の連なり
「鏡の日本列島2：日本列島のかたち――なぜそこに陸地があるのか」『生環境構築史webzine』（2）2021年3月4日公開

2015年

第2章
藤岡換太郎『フォッサマグナ——日本列島を分断する巨大地溝の正体』講談社、2018年
嵐山光三郎『芭蕉紀行』新潮社、2004年
蟹澤聰史『「おくのほそ道」を科学する——芭蕉の足跡を辿る』22世紀アート、2019年

第3章
中島淳一『日本列島の下では何が起きているのか——列島誕生から地震・火山噴火のメカニズムまで』講談社、2018年
萬年一剛『最新科学が映し出す火山——その成り立ちから火山災害の防災、富士山大噴火』ベストブック、2020年
藤井敏嗣『火山——地球の脈動と人との関わり』丸善出版、2023年

第4章
古川武彦・大木勇人『図解・気象学入門 改訂版——原理からわかる雲・雨・気温・風・天気図』講談社、2023年
安成哲三『モンスーンの世界——日本、アジア、地球の風土の未来可能性』中央公論新社、2023年

第5章
J.E. アンドリュース・P. ブリンブルコム・T.D. ジッケルズ・P.S. リス・B.J. リード（著）、渡辺 正（訳）『地球環境化学入門・改訂版』丸善出版、2012年
K.J. シュー（著）、岡田博有（訳）『地中海は沙漠だった——グロマー・チャレンジャー号の航海』古今書院、2003年

第6章
藤井一至『大地の五億年——せめぎあう土と生き物たち』山と渓谷社、2022年
佐野貴司・矢部 淳・齋藤めぐみ『日本の気候変動5000万年史——四季のある気候はいかにして誕生したのか』講談社、2022年
古舘恒介『エネルギーをめぐる旅——文明の歴史と私たちの未来』英治出版、2021年
相原安津夫『石炭ものがたり（地球の歴史をさぐる 3）』青木書店、1987年
田口一雄『石油の成因：起源・移動・集積（地学ワンポイント 6）』共立出版、1998年
田口一雄『石油はどうしてできたか（地球の歴史をさぐる 10）』青木書店、

主要参考文献

＊和文で読めるもののみを挙げる

全体に関わるもの

磯﨑行雄・川勝 均・佐藤 薫（編）『高等学校 地学』啓林館、2023 年
浜島書店『ニューステージ地学図表――地学基礎+地学 対応』浜島書店、2023 年
数研出版編集部（編）『新課程 視覚でとらえる フォトサイエンス――地学図録』数研出版、2023 年
杵島正洋・松本直記・左巻健男『新しい高校地学の教科書――現代人のための高校理科』講談社、2006 年
数研出版編集部（編）『もういちど読む数研の高校地学』数研出版、2014 年
山崎晴雄『富士山はどうしてそこにあるのか――地形から見る日本列島史』NHK出版、2019 年
川幡穂高『地球表層環境の進化――先カンブリア時代から近未来まで』東京大学出版会、2011 年
田近英一『46 億年の地球史――生命の進化、そして未来の地球』三笠書房、2019 年
田近英一『地球環境 46 億年の大変動史』化学同人、2021 年
清川昌一・伊藤 孝・池原 実・尾上哲治『地球全史スーパー年表』岩波書店、2014 年
尾池和夫『四季の地球科学――日本列島の時空を歩く』岩波書店、2012 年
蟹澤聰史『石と人間の歴史――地の恵みと文化』中央公論新社、2010 年

序章

太田陽子・小池一之・鎮西清高・野上道男・町田 洋・松田時彦『日本列島の地形学』東京大学出版会、2010 年

第 1 章

平 朝彦『日本列島の誕生』岩波書店、1990 年
平 朝彦・国立研究開発法人 海洋研究開発機構『カラー図解 地球科学入門 地球の観察――地質・地形・地球史を読み解く』講談社、2020 年
高木秀雄（監修）『CG細密イラスト版 地形・地質で読み解く 日本列島 5 億年史』宝島社、2020 年
堤 之恭『新版 絵でわかる日本列島の誕生（KS絵でわかるシリーズ）』講談社、2021 年
鈴木毅彦『日本列島の「でこぼこ」風景を読む』ベレ出版、2021 年
大河内直彦『チェンジング・ブルー――気候変動の謎に迫る』岩波書店、

図版・データ出典

＊

図２－2, 図２－3, 図３－9, 図４－3, 図４－６, 図５－9, 図６－5, 図７－2, 図８－3, 図８－7, 図終－3, 図終－７　地図屋もりそん作成。
図４－8, 図５－2, 図６－1, 図６－10, 図８－４　ケー・アイ・プランニング作成。

図７－７　Aはhttps://tetsunomichi.gr.jp/history-and-tradition/tatara-outline/part-2/に基づき作図。BはIshihara, S. & Sasaki, A.（1991）Episodes, 14(3), 286-292より引用し、一部修正。
図７－10　Nadoll, P. et al.（2014）Ore Geology Reviews, 61, 1-32より引用し、一部修正。
図８－３　地質図Naviを使用し、筆者が金銀鉱床のみ抜粋、地名を加筆した。https://gbank.gsj.jp/geonavi/geonavi.php#10,38.68216,141.22413.
図８－５　Frimmel, H. E.（2008）Earth and Planetary Science Letters, 267(1-2), 45-55より引用し、一部修正。
図８－６　地質図Naviを使用し、筆者が地名を加筆した。https://gbank.gsj.jp/geonavi/geonavi.php#10,38.07498,138.42605.
図８－７　地質図Naviを使用し、筆者が金銀鉱床のみ抜粋、地名を加筆した。https://gbank.gsj.jp/geonavi/geonavi.php#9,31.691,130.830.
図８－８　Hedenquist, J. W. et al.（2000）Reviews in Economic Geology, 13, 245–277より引用し、一部修正。
図８－９　https://www.smm.co.jp/corp_info/location/domestic/hishikari/より引用し、一部修正。
図８－10　井澤英二『よみがえる黄金のジパング（岩波科学ライブラリー５）』（岩波書店、1993）より引用。
図終－２　西村太志（2019）『火山』64（2）、53-61より引用し、一部修正。
図終－３　テフラの分布域は山元孝広（2016）『地質学雑誌』122（3）、109-126より引用し、一部修正。地図は地理院地図を使用し、筆者が地点名を加筆した。https://maps.gsi.go.jp/#9/36.319551/139.919128/&base=blank&ls=blank%7Chillshademap&blend=0&disp=11&lcd=hillshademap&vs=c1g1j0h0k0l0u0t0z0r0s0m0f1&reliefdata=00G0000FFG3G0095FFG6G00EEFFG9G91FF00GCGFFFF00GFGFFA200GGFF4400.
図終－４　宮地直道・小山真人（2007）『富士火山』339-348より引用し、一部修正。
図終－５　地質図Naviより引用。https://gbank.gsj.jp/geonavi/geonavi.php#8,35.976,139.271.
図終－６　奥野充（2019）『地質学雑誌』125（1）、41-53より引用し、一部修正。
図終－７　20万分の１日本シームレス地質図V2を使用し、筆者が地名、地形名、火砕流の分布範囲を加筆修正した。https://gbank.gsj.jp/seamless/v2/viewer/?base=GSJ_SHADED&center=32.6209%2C130.0589&z=8&lithofilter=100&agefilter=3.
図終－８　巽好幸『地震と噴火は必ず起こる』（新潮社、2012）より引用。
図終－９　Earthquake Catalog（USGS）を使用して作図したものに、筆者が地名を加筆修正した。https://earthquake.usgs.gov/earthquakes/search/.
図終－10　Earthquake Catalogを使用して作図した。https://earthquake.usgs.gov/earthquakes/search/.

huntington-beach-5669/のデータより作成。
図5－1　https://commons.wikimedia.org/wiki/File:Blue_Marble_Eastern_Hemisphere.jpgより引用。
図5－3　アンドリュース、J. E.ほか『地球環境化学入門・改訂版』（丸善出版、2012）より引用。
図5－4　Tucker, M. E. "Sedimentary petrology : an introduction"（Oxford : Blackwell Scientific, 1981）より引用し、一部修正。
図5－7　van Dijk, G. et al.（2023）Sedimentology, 70（4）, 1195-1223 より引用し一部修正。
図5－8　https://commons.wikimedia.org/wiki/File:Pangaea_200Ma.jpgより引用。
図5－9, 図5－10　Kukla, P. A. et al.（2018）Gondwana Research, 53, 41-57 より引用し、一部修正。
図5－11　地理院地図より引用。https://maps.gsi.go.jp/#7/33.440609/134.780273/&base=blank&ls=blank&disp=1&vs=c1g1j0h0k0l0u0t0z0r0s0m0f1&reliefdata=00G0000FFG3G0095FFG6G00EEFFG9G91FF00GCGFFFF00GFGFFA200GGFF4400.
図6－3　田近英一『46億年の地球史――生命の進化、そして未来の地球』（三笠書房、2019）より引用。
図6－4　田近英一『46億年の地球史――生命の進化、そして未来の地球　』とGlasspool, I. J. & Scott, A. C.（2010）Nature Geoscience, 3（9）, 627-630 より引用し、一部修正。
図6－5　地質図Naviを使用し、筆者が地名、鉄道路線を加筆した。https://gbank.gsj.jp/geonavi/geonavi.php#11,43.20104,141.89395.
図6－6　Larry Thomas "Coal Geology"（Wiley-Blackwell、2020）より引用し、一部修正。
図6－7　磯﨑行雄ほか（2011）『地学雑誌』120（1）、65-99 より引用し、一部修正。
図6－8　早稲田周ほか（2020）『石油技術協会誌』85（6）、299-308 より引用し、一部修正。
図6－9　田口一雄『石油はどうしてできたか（地球の歴史をさぐる 10）』（青木書店、1993）より引用し、一部修正。
図6－10　平井明夫ほか（1990）『石油技術協会誌』55（1）、37-47 より引用し、一部修正。
図7　1　松久幸敬・赤木右『地球化学講座 1　地球化学概説』（培風館、2005）、およびhttps://ja.wikipedia.org/wiki/クラーク数に基づき作成。
図7－2　Google Earthより引用し、筆者が地名を加筆した。https://earth.google.com/web/@30.79468015,130.28051855,81.60111305a,6949.13973242d,35y,32.93120863h,59.90195666t,0r/data=OgMKATA.
図7－5, 図7－6　Bekker et al.（2010）Economic Geology, 105（3）, 467-508 より引用し、一部修正。

図3－4　https://www.beppumuseum.jp/jiten/tensuinoanteidoitaihi.htmlより引用し、一部修正。
図3－5　風早康平ほか（2014）『日本水文科学会誌』44、1-14より引用し、一部修正。
図3－6　Rüpke, L. et al.（2006）Earth's Deep Water Cycle, 168, 263-276より引用し一部修正。
図3－7　Tatsumi,Y.（1989）J. Geophys. Res., 94, 4697-4707中の原図を佐野貴司ほか（2018）『月刊地球』40（4）、199-209が一部修正したものを引用。
図3－8　地質図Naviより引用。https://gbank.gsj.jp/geonavi/geonavi.php#5,35.595,138.275.
図3－9　地質図Navi（産総研地質調査総合センター）を使用し、筆者が地名、深度を加筆した。https://gbank.gsj.jp/geonavi/geonavi.php#8,33.651,133.066.
図4－1, 図4－2　古川武彦・大木勇人『図解・気象学入門――原理からわかる雲・雨・気温・風・天気図』（講談社、2011）より引用。
図4－3　気圧分布は古川武彦・大木勇人『図解・気象学入門――原理からわかる雲・雨・気温・風・天気図』（講談社、2011）より引用し、一部修正。地図はhttps://commons.wikimedia.org/wiki/File:Blankmap-ao-090N-north_pole.pngより引用。
図4－4　地図は地理院地図を使用し、筆者が位置線と地点名を加筆した。地形断面図は筆者が断面図の機能により作成。https://maps.gsi.go.jp/#4/27.215556/107.534180/&base=blank&ls=blank%7Cearthhillshade&blend=0&disp=11&lcd=earthhillshade&vs=c1g1j0h0k0l0u0t0z0r0s0m0f1&reliefdata=00G0000FFG3G0095FFG6G00EEFFG9G91FF00GCGFFFF00GFGFFA200GGFF4400. 気圧の図は、国立天文台『理科年表』（丸善出版）中の気圧の高度分布により作成。
図4－5　Hall, R.（2009）Blumea-Biodiversity, Evolution and Biogeography of Plants, 54（1-2), 148-161より引用し、一部修正。
図4－6　https://www.data.jma.go.jp/gmd/kaiyou/data/db/climate/glb_warm/sst_annual.htmlより引用し、一部修正。
図4－7　https://earthobservatory.nasa.gov/images/7079/historic-tropical-cyclone-tracksより引用し、一部修正。
図4－8　『地学』（数研出版、2020）より引用し、一部修正。
図4－9　https://en.wikipedia.org/wiki/Ocean_current#/media/File:Corrientes-oceanicas.pngより引用し、一部修正。
図4－10　安成哲三『モンスーンの世界――日本、アジア、地球の風土の未来可能性』（中央公論新社、2023）より引用。
図4－11　https://www.data.jma.go.jp/obd/stats/etrn/view/nml_sfc_ym.php?prec_no=74&block_no=47893&year=&month=&day=&view=p1、https://en.climate-data.org/north-america/united-states-of-america/california/

us&ll=37.311238135495095%2C138.69083399999997&z=7 を参照し投影。
図２－４　20万分の１日本シームレス地質図V2を使用し、筆者が地名、岩石名を加筆した。https://gbank.gsj.jp/seamless/v2/viewer/?mode=3d&center=34.8660%2C136.1047&z=12&azimuth=0.10099870853025404&hf=2.
図２－６　北里洋（1985）『科学』55（9）、532-540より引用し、一部修正。
図２－７　https://twitter.com/VolcanoMagma/status/1281700326974689280 より引用。
図２－８　米倉伸之ほか編『日本の地形１　総説』（東京大学出版会、2001）より引用し、一部修正。
図２－９　地質図Naviを使用し、筆者が地名を加筆した。https://gbank.gsj.jp/geonavi/geonavi.php#10,38.69218,140.02524.
図２－10　20万分の１日本シームレス地質図V2を使用し、筆者が地名、岩石名、火山フロントの位置を加筆した。https://gbank.gsj.jp/seamless/v2/viewer/?mode=3d&base=GSJ_SHADED&center=39.0471%2C140.8022&z=11&lithofilter=3c0&agefilter=3&dip=64&azimuth=359.9999999999998. https://gbank.gsj.jp/seamless/v2/viewer/?mode=3d&base=GSJ_SHADED&center=38.5226%2C140.0231&z=13&lithofilter=3c0&agefilter=3&azimuth=0.023271305268347184.
図２－11　地質図Naviを使用し、筆者が地名、岩石名を加筆した。https://gbank.gsj.jp/geonavi/geonavi.php#12,38.75500,140.08370.
図２－12　守屋俊治ほか（2008）『地質学雑誌』114（8）、389-404より引用し、一部修正。
図２－13　地理院地図を使用し、筆者が地名を加筆した。https://maps.gsi.go.jp/#16/39.218980/139.904419/&base=std&ls=std%7Crelief_free&blend=1&disp=11&lcd=relief_free&vs=c1g1j0h0k0l0u0t0z0r0s0m0f1&reliefdata=00G0000FFG3G0095FFG6G00EEFFG9G91FF00GCGFFFF00GFGFFA200GGFF4400. https://maps.gsi.go.jp/#14/38.021996/139.309430/&base=std&ls=std%7Crelief_free&blend=1&disp=11&lcd=relief_free&vs=c1g1j0h0k0l0u0t0z0r0s0m0f1&reliefdata=00G0000FFG3G0095FFG6G00EEFFG9G91FF00GCGFFFF00GFGFFA200GGFF4400.
図２－14　谷釜尋徳（2021）『体育学研究』66、607-622のデータに基づき作成。
図２－15　貝塚爽平ほか『日本の自然〈４〉日本の平野と海岸』（岩波書店、1985）より引用し一部修正。
図３－１　https://commons.wikimedia.org/wiki/File:Mt.Fuji_from_Mt.Yatsugatake_01.jpgより引用。
図３－２　Craig, H.（1961）Science, 133（3465）, 1702-1703中の原図を酒井均・松久幸敬『安定同位体地球化学』（東京大学出版会、1996）が一部修正したものを引用。
図３－３　白水晴雄『温泉のはなし』（技報堂出版、1994）より引用。

図版・データ出典

図序－2　吉田幸平・高木秀雄（2020）『地学雑誌』129（3）、337-354より引用。
図序－4　巽好幸『地震と噴火は必ず起こる』（新潮社、2012）より引用し、一部修正。
図1－1　https://ja.wikipedia.org/wiki/行基図#/media/ファイル:Gyokizu.jpg、https://ja.wikipedia.org/wiki/長久保赤水#/media/ファイル:（Nihon_yochi_rotei_zenzu._LOC_77694708.jpgより引用。
図1－2　地質図Navi（産総研地質調査総合センター）より引用。https://gbank.gsj.jp/geonavi/geonavi.php#5,36.090,139.864.
図1－3　中西正男・沖野郷子『海洋底地球科学』（東京大学出版会、2016）より引用。
図1－4　増田富士雄『地球を丸ごと考える 3　リズミカルな地球の変動』（岩波書店、1993）より引用。
図1－5　山崎晴雄『富士山はどうしてそこにあるのか――地形から見る日本列島史』（NHK出版、2019）より引用し、一部修正。
図1－6　20万分の1日本シームレス地質図V2（産総研地質調査総合センター）を使用し、筆者が岩石名を加筆修正した。https://gbank.gsj.jp/seamless/v2/viewer/?base=CHIRIIN_BLANK&center=34.0754%2C133.4811&z=8&lithofilter=30. https://gbank.gsj.jp/seamless/v2/viewer/?base=CHIRIIN_BLANK&center=34.0754%2C133.4811&z=8&lithofilter=3fc0.
図1－7　https://en.wikipedia.org/wiki/Marine_isotope_stageより引用し、一部修正。
図1－8　https://commons.wikimedia.org/wiki/File:Post-Glacial_Sea_Level.pngより引用し、一部修正。
図1－9　地理院地図（国土地理院）より引用。https://maps.gsi.go.jp/#8/36.374856/138.680420/&base=std&ls=std&disp=1&vs=c1g1j0h0k0l0u0t0z0r0s0m0f1.
図1－10　地質図Naviより引用。https://gbank.gsj.jp/geonavi/geonavi.php#6,35.993,133.525.
図2－1　Tamaki, K. & Honza, E.（1991）Episodes, 14（3）、224-230より引用し、一部修正。
図2－2　磯﨑行雄ほか（2011）『地学雑誌』120（1）、65-99より引用し、一部修正。
図2－3　米倉伸之ほか編『日本の地形1　総説』（東京大学出版会、2001）より引用した図上に、Google My Map「奥の細道」：https://www.google.com/maps/d/viewer?msa=0&mid=1euO4BrT_zH-gil0nMYTwd4suz

中公新書

科学・技術

伊藤 孝（いとう・たかし）

1964年宮城県生まれ．茨城大学教育学部教授．茨城県地域気候変動適応センター運営委員．山形大学理学部地球科学科卒業，筑波大学大学院地球科学研究科博士課程修了．博士（理学）．専門は，地質学，鉱床学，地学教育．NHK高校講座「地学」講師（2005-12）．
共著『物質科学入門』（朝倉書店，2000）
　　『地球全史スーパー年表』（岩波書店，2014）
　　『海底マンガン鉱床の地球科学』（東京大学出版会，2015）
共編著『変動帯の文化地質学』（京都大学学術出版会，2024）

日本列島《にほんれっとう》はすごい
中公新書 2800

2024年4月25日初版
2024年9月30日7版

著　者　伊藤　孝
発行者　安部順一

本文印刷　暁印刷
カバー印刷　大熊整美堂
製　本　小泉製本

発行所　中央公論新社
〒100-8152
東京都千代田区大手町1-7-1
電話　販売　03-5299-1730
　　　編集　03-5299-1830
URL https://www.chuko.co.jp/

Published by CHUOKORON-SHINSHA, INC.
Printed in Japan　ISBN978-4-12-102800-6 C1244